新型职业农民培育规划教材

肉牛规模生产经营

◎ 何志萍 于建梅 冯俊昌 主编

U0271997

中国农业科学技术出版社

图书在版编目（CIP）数据

肉牛规模生产经营／何志萍，于建梅，冯俊昌主编．—北京：
中国农业科学技术出版社，2015.8

ISBN 978 - 7 - 5116 - 2210 - 5

Ⅰ.①肉…　Ⅱ.①何…②于…③冯…　Ⅲ.①肉牛 – 饲养管理
Ⅳ.①S823.9

中国版本图书馆 CIP 数据核字（2015）第 172056 号

责任编辑　　张孝安　　白姗姗
责任校对　　贾海霞

出 版 者　中国农业科学技术出版社
　　　　　北京市中关村南大街 12 号　邮编：100081
电　　话　（010）82106638（编辑室）　　（010）82109704（发行部）
　　　　　（010）82109709（读者服务部）
传　　真　（010）82106650
网　　址　http：//www. castp. cn
经 销 者　各地新华书店
印 刷 者　北京富泰印刷有限责任公司
开　　本　850mm ×1 168mm　1/32
印　　张　6
字　　数　156 千字
版　　次　2015 年 8 月第 1 版　2015 年 8 月第 1 次印刷
定　　价　24.00 元

《肉牛规模生产经营》
编 委 会

主 编 何志萍 于建梅 冯俊昌

副主编 苏 志

编 者 阮武营 陶鲁哉 陈 钰 吴寿玉

内容简介

　　《肉牛规模生产经营》是系列规划教材之一，适用于从事现代肉牛产业的生产经营型职业农民，也可供专业技能型和专业服务型职业农民选择学习。本教材根据《生产经营型职业农民培训规范（肉牛生产）》要求编写，主要包括了现代肉牛生产、肉牛场的规划和建设、肉牛品种改良和繁殖技术、营养需要与日粮配制、饲养管理、牛群保健和疫病防治、肉牛场环境控制、肉牛场经营管理8个方面的内容。

前　　言

　　新型职业农民是现代农业生产与经营的主体。开展新型职业农民教育培训，提高新型职业农民的综合素质、生产技能和经营能力，是加快现代农业发展，保障国家粮食安全，持续增加农民收入，建设社会主义新农村的重要举措。党中央、国务院高度重视农民教育培训工作，提出了"大力培育新型职业农民"的历史任务。实践证明，教育培训是提升农民生产经营水平，提高新型职业农民素质的最直接、最有效的途径，也是新型职业农民培育的关键环节和基础工作。

　　为贯彻落实中央的战略部署，提高农民教育培训质量，同时也为各地培育新型职业农民提供基础保障——高质量教材，按照"科教兴农、人才强农、新型职业农民固农"的战略要求，迫切需要大力培育一批"有文化、懂技术、会经营"的新型职业农民。为做好新型职业农民培育工作，提升教育培训质量和效果，我们组织一批国内权威专家学者共同编写了一套新型职业农民培育规划教材，供各新型职业农民培育机构开展新型职业农民培训使用。

　　本套教材适用于新型职业农民的培训工作，按照培训内容分别出版生产经营型、专业技能型和专业服务型三类。定位服务培训对象、提高农民素质，强调针对性和实用性，在选题上立足现代农业发展，选择国家重点支持、通用性强、覆盖面广、培训需求大的产业、工种和科技开发教材；在内容上针对不同类型职业农民的特点和需求，突出从种到收、从生产决策到产品营销全过程所需掌握的农业生产技术和经营管理理念；在体制上打破传统学科知识体系，以"农业生产过程为导向"构建编写体系，围绕生产过程和生产环节进行编写，实现教学过程与生产过程对接；在形式上采用模块化编写，图文并茂，通俗易懂，利于激发农民的学习兴趣，具有较强的可读性。

编　者
2015 年 6 月

目　　录

模块一　现代肉牛生产 ……………………………………… （1）

　　一、现代肉牛生产 ……………………………………… （1）

　　二、肉牛产业化的投资方向 …………………………… （5）

　　三、肉牛产业政策与生产补贴 ………………………… （6）

　　四、养牛模式和养牛规模 ……………………………… （9）

模块二　肉牛场的规划和建设 ……………………………… （12）

　　一、肉牛场场址选择 …………………………………… （12）

　　二、牛场规划设计 ……………………………………… （14）

　　三、牛舍的建造 ………………………………………… （17）

　　四、牛场的设备和设施 ………………………………… （22）

模块三　肉牛品种改良和繁殖技术 ………………………… （26）

　　一、常见肉牛品种 ……………………………………… （26）

　　二、肉牛体型外貌 ……………………………………… （34）

　　三、肉牛的体型鉴定 …………………………………… （36）

　　四、杂种优势利用 ……………………………………… （40）

　　五、肉牛的繁殖生理 …………………………………… （43）

　　六、人工授精 …………………………………………… （48）

　　七、妊娠与分娩 ………………………………………… （52）

模块四　营养需要与日粮配制 ……………………………… （60）

　　一、肉牛的消化生理特点 ……………………………… （60）

　　二、营养需要 …………………………………………… （62）

　　三、肉牛生长所需营养成分 …………………………… （64）

四、常用饲料原料及营养成分 ················ (65)

五、饲料加工 ·························· (70)

六、日粮配合 ·························· (77)

模块五　饲养管理 ······················ (81)

一、后备母牛的饲养管理 ················· (81)

二、泌乳母牛的饲养管理 ················· (89)

三、牛犊的饲养管理 ···················· (97)

四、肉用育成牛的饲养管理 ··············· (100)

五、肉牛育肥技术 ····················· (104)

模块六　牛群保健和疫病防治 ············· (123)

一、牛群常规保健制度 ·················· (123)

二、卫生防疫与免疫接种 ················ (126)

三、常见内科病防治 ··················· (136)

四、常见外科和产科疾病防治 ············· (148)

五、主要传染病和寄生虫病的防治 ·········· (151)

模块七　肉牛场环境控制 ················ (159)

一、环境对肉牛生产的影响 ··············· (159)

二、牛舍环境控制 ····················· (161)

三、粪污处理和利用 ··················· (162)

模块八　肉牛场经营管理 ················ (166)

一、经营管理者具备的基本条件 ··········· (166)

二、经营管理制度 ····················· (167)

三、生产定额管理 ····················· (168)

四、技术管理 ························· (170)

五、成本核算和效益化生产 ··············· (172)

六、市场预测和销售 ··················· (175)

主要参考文献 ························· (179)

模块一 现代肉牛生产

一、现代肉牛生产

（一）我国肉牛产业现状

我国养牛业的历史源远流长，肉牛的发展过程经过役用期、役肉兼用期和肉用期3个阶段。肉牛产业化经营是实现我国肉牛生产现代化的必由之路。

1. 区域发展特征明显

目前，已经形成了四大肉牛带，即西部肉牛带［陕西、内蒙古自治区（以下称内蒙古）、甘肃、宁夏回族自治区（以下称宁夏）、青海、新疆维吾尔自治区（以下称新疆)］、中原肉牛带（包括河南、河北、山东、安徽、山西、江苏和湖南）、东北肉牛带（包括辽宁、吉林、黑龙江）、西南肉牛带［包括四川、云南、贵州、广西壮族自治区（以下称广西)］。

2. 发展速度快，但水平不高

1980年全国肉牛存栏头数0.71亿头，1990年全国肉牛存栏头数达1.03亿头，2010年全国牛存栏头数达1.06亿头，比1980年增长49.3%。中国已成为世界第三个牛肉生产大国，仅次于美国和巴西。发展速度快，但水平不高，表现在肉牛的生产周期长，出栏率低，出栏肉牛的屠宰体重小，个体产肉量少。

3. 品种改良和选育步伐加快

我国从20世纪30年代就曾引入短角牛等优良品种进行改良。但是，有组织、有计划、大规模地开展此项工作是在20世纪70年代末开始的，先后从德国、奥地利、法国、加拿大等国引进乳肉兼用型西门塔尔、肉用型夏洛来、利木赞、海福特、抗旱王和辛地红牛等 16 个品种的良种公牛近 1 000 头，改良我国黄牛，使黄牛从单一的役用向乳、肉、役兼用方向发展。经过各地多年实践，确定了以西门塔尔、夏洛来和利木赞为当家品种，根据不同地区、不同品种和不同的经济发展水平，采用不同的杂交方法和杂交组合。在河南、河北、辽宁、安徽、山东、甘肃等省，用夏洛来、利木赞和西门塔尔等几个肉用品种或乳肉兼用品种对当地黄牛及其杂种后代进行二元或三元杂交，生产肉杂牛。

4. 饲料粮的总体不足

饲料粮总体不足是对我国肉牛产业发展的挑战，肉牛生产需要粮食投入，需要消耗一定的饲料。要生产牛肉，必须在牛日食入营养物质超过维持自身需求后有所剩余时才能实现，而这部分需以粮食等精料来提供。

5. 肉牛育肥向规模化、商品化方向发展

20 世纪 70 年代以来，我国的肉牛育肥业，首先是从供港活牛育肥开始的。香港市场优质牛肉价高，普通牛肉的售价与优质牛肉售价几乎相差一半，达不到优质标准，盈利就少甚至亏本。因此，我国各地外贸部门或自建肉牛育肥场，或组织农户进行育肥。河南的邓州、新野、唐河、方城、淮阳、商水、鹿邑、商丘、安阳、滑县等地农村出现了 5～10 头的育肥户、50～200 头的育肥场和上千头的育肥专业村；南阳肉食企业集团兴建了万头育肥养牛场，1997 年销售额 2 亿元，创汇 1 400 万美元。河北省三河市出现了占地 6.67 公顷、养牛 9 000 头、年出栏 12 000 头、年创利 600 万元、固定资产和流动资金 3 500 万元的福成肉牛集团公司。甘肃省平凉市雄风实业有限公司为国家商检局供港澳活牛注册场，每年向港澳提供大量育肥肉牛；甘肃省平凉市西开（集团）公司集肉牛养殖、牛肉分割、酿造、餐饮于一体，积极延伸肉牛产业链，显著提高了肉牛养殖户和企业的经济效益。

6. 市场潜力不断得到发掘

随着城乡人民的生活水平不断高，瘦肉率高的牛肉消费量增长迅速，所以内地市场的牛肉价格一直居高不下。东南部沿海城市和经济发达地区牛肉更是供不应求，价格比内地高出1~2倍。河南、山东、安徽等省，近几年来已经捷足先登，把活牛及牛肉产品率先打入东南沿海市场，建立了比较稳定的销售渠道。港澳市场，每天屠宰销售活牛500多头，年需活牛25万余头。

20世纪70年代以来，港澳与内地建立了比较稳定的活牛贸易关系，大部分活牛由内地供应，经济效益较内地高1倍以上。中东一些伊斯兰国家，对中国的牛羊肉和活牛活羊很感兴趣，年成交额不断增加，而且这些地区收入水平高，农副产品紧缺，对牛羊肉的档次、检疫标准要求相对较为宽松。东南亚是伊斯兰聚集的地区，对中国的牛羊肉、活牛活羊十分欢迎，东欧及独联体国家对牛肉的需求量更大，对牛肉的档次和检疫要求也较宽松。但是，这些国家目前经济比较困难，偿还能力有限，大多数是易货贸易。近年来，俄罗斯对我国牛肉进口量也较大。日本是潜力最大的牛肉、活牛贸易市场，目前市场上销售的主要是美国和澳大利亚的牛。他们需要高档牛肉，对检疫要求严格。日本对中国的牛肉和活牛很有兴趣，20世纪80年代以来，曾多次派团到中国考察，搞育肥屠宰试验。山东省海阳市建立了专门对日出口的肉牛育肥场。我国高档牛肉已经开始批量生产，供应国内星级的宾馆和饭店，部分替代进口的高档牛肉。牛肉分级分割，优质牛肉供应高档饭店烤涮，普通牛肉大众化消费，满足消费多元化的要求，提高了肉牛业整体的经济效益。

（二）我国肉牛产业投资前景和发展趋势

我国的肉牛业还处于开始起步阶段，发展肉牛业潜力很大，具有广阔的投资前景。

1. 发展肉牛等草食家畜符合我国国情

1984 年以来，我国粮食年增长率在 1% 左右，增长幅度减少，同时又面临着人口增多、耕地减少的制约，粮食供求矛盾日趋突出。粮食不足集中表现在饲料用粮不足。我国每年生产 4 亿多吨粮食，同时就有 5 亿多吨秸秆。利用秸秆资源，辅之以适当精料，发展牛、羊等草食家畜生产，是建立我国节粮型畜牧业结构的一条重要途径，同时也是优化我国肉类结构的有力保障。

2. 国内外市场对牛肉的需求量巨大

牛肉营养丰富，蛋白质含量比猪肉高；脂肪含量则相反，因而含热量适中，对人体健康十分有利。因此，牛肉消费量在全世界仅居猪肉之后，是第二大肉类生产。目前香港是世界上主要的活牛交易市场，年需求量 20 万头；其次是日本，年需求量 4 万多头，进口较多的还有前苏联、意大利、巴西等国家。符合出口标准的肉牛，每头可比国内市场多收入 200～1 000 元。

3. 肉牛产品深加工增值的作用不可低估

肉牛全身都是宝，能为工业提供多种原料。牛肉可制成系列熟制品，如罐头、卤制品、灌肠、牛肉干等，风味独特，营养丰富；牛内脏、牛血可以加工成食品，用牛骨髓生产食品添加剂，用来强化食品营养，防治儿童、老人缺钙。牛骨可以生产骨胶、明胶、皮胶、骨油、磷酸氢铵，它们广泛应用于造纸、电影制片、照相、医药、塑料、火柴等行业。国内外利用牛的脏器已制成 400 多种生化药品。胆汁可用来提取胆红素，制造人工牛磺和肝素；其他腺体可用来提取胰岛素及一系列酶、激酶、激素等。用牛脑提取的脑下垂体促皮质素可治疗风湿病，用牛胰脏制成胰岛素注射液可治疗糖尿病，从牛睾丸中提取睾丸素可治疗神经衰弱，牛鞭作为补品滋阴壮阳。

二、肉牛产业化的投资方向

肉牛产业化是一项系统工程，包括繁殖母牛饲养、架子牛饲养、商品牛育肥、活牛的屠宰加工、牧草种植等一系列的环节。政府部门的倾斜政策和经济扶持是产业形成的基础，科技是保障，市场是导向。

（一）繁殖母牛饲养

以一家一户饲养为宜，在素有养牛习惯的山区和半农半牧区，可充分利用当地的饲料资源和农村剩余劳动力，借助政府部门的黄牛改良、人工授精技术条件、繁殖母牛补贴、扶贫专项经费等扶持基础母牛养殖，繁殖商品牛。肉牛集约化养殖主要体现为育肥和深加工的能力，肉牛产业的兴旺发展还必须依托千家万户式的繁殖母牛散养方式。

（二）架子牛育肥

因投资额较大，可作为屠宰加工厂或有一定投资能力的个人的一种投资选择，育肥环节必须以可靠的架子牛来源和育肥牛市场作为基础。

（三）肉牛的屠宰加工

随着市场对牛肉产品要求愈来愈高，肉牛的屠宰加工必须标准化，因此投资屠宰加工应慎重，我国现有的屠宰加工企业已基本满足需求，投资者可采取租赁形式，对现有的生产线加以改造，不必再建新的加工厂。

（四）高档牛肉进军餐饮业

高档牛肉的消费已经成为当代餐饮业的一道靓丽风景。在国际市场上，澳洲和牛肉销价为 1 280 元/千克，日本 A4 级和牛肉销价为 1 414 元/千克，韩国为 700 元/千克，而香港混装鲜牛肉价格涨至 130 元/千克，国内高档牛肉的价格也维持在 120～300元/千克，有些产品甚至标出了 3 000 元/千克左右的高价。市场需求将带动肉牛育种和产业向更高档次方向发展。

三、肉牛产业政策与生产补贴

（一）肉牛产业政策

肉牛业作为我国畜牧业的重要组成部分，是发展农业循环经济，促进农民增收致富的有效途径。国家的支农惠农措施，特别是在财政扶持方面将会对肉牛产业的发展产生重要影响。

1. 肉牛主产区方面

自 2008 年《肉牛优势区域发展规划（2008—2015 年)》发布以来，中央和主产区各级政府相继出台了一系列扶持政策措施，加大扶持力度，积极推进规划实施，主产区肉牛业得到较快发展，优势区域建设取得明显效果。规划中涵盖了中原肉牛区、东北肉牛区、西北肉牛区和西南肉牛区共 4 个优势区域。2011 年，政府根据不同产区的发展特点，进行针对性的政策引导扶持。

（1）中原肉牛区。政府对于中原肉牛区的目标定位为建成为"京津冀""长三角"和"环渤海"经济圈提供优质牛肉的最大生产基地。在政策实施上将着重体现在支持品种改良和基地建设，加强产品质量和安全监管，着力培育和壮大龙头企业，打造知名品牌等方面。

（2）东北肉牛区。政府对于东北肉牛区的目标定位是满足北方地区居民牛肉消费需求，提供部分供港活牛，并开拓日本、韩国和俄罗斯等周边国家市场。在政策实施上，牧区将重点支持发展现代集约型草地畜牧业，如建设现代家庭示范牧场（户），建设标准化养殖示范小区，成立综合型服务组织等。农区将重点支持秸秆青贮技术、规模化标准化育肥技术的推广及应用等，提高育肥效率和产品的质量安全水平，完善牛肉生产和加工体系。

（3）西北肉牛区。政府对于西北肉牛区的目标定位是满足西北地区牛肉需求，以生产清真牛肉为主；兼顾向中亚和中东地区出口优质牛肉产品，为育肥区提供架子牛。在政策实施上将体现在健全肉牛良繁体系和疫病防治体系，研发并推广规模化、标准化养殖技术，培育和发展加工企业，提高加工产品的质量和安全性等方面。

（4）西南肉牛区。政府对于西南肉牛区的目标定位是立足南方市场，建成西南地区优质牛肉生产供应基地。在政策实施上主要体现在支持南方草山草坡和各种农作物副产品资源的开发利用；推广三元结构种植，加强现代肉牛业饲养和育肥技术的推广应用，提高出栏肉牛的胴体重和经济效益等方面。

2. 肉牛良种方面

农业部畜牧业司在《2011 年畜牧业工作重点》中明确指出，要加强畜禽良种繁育体系建设，加快推进畜禽品种改良，落实生猪、奶牛、肉牛和绵羊良种补贴政策，做好肉用种公牛生产性能测定工作。在政策实施上主要体现在将会继续实施畜禽良种工程，加大对肉牛良种繁育体系建设的支持力度，加强肉牛原种场、资源场和种公牛站基础设施建设，加大肉牛新品种选育。扩大畜禽标准化规模养殖工程实施范围，支持肉牛优势区域发展标准化肉牛养殖场和养殖小区。扩大良种项目补贴实施范围，对选择肉牛优质冻精实施人工授精的养殖场户给予补贴。

3. 肉牛规模化养殖方面

2010 年，农业部启动实施了畜禽养殖标准化示范创建活动，经严格审查，已认定并公布畜禽标准化示范场 1 500 多个。2011 年，农业部将继续大力推进畜禽养殖标准化示范创建活动，新创建 500 个畜禽养殖标准化示范场；对于肉牛业，将着力扶持年出栏在 500 头以上的养殖场，并进一步加大项目资金和技术培训的投入力度。在系列扶持政策的引导下，预计未来几年出栏在500头以上的规模化养殖场会逐渐增多，对于全国肉牛出栏数量的贡献率将逐渐加大。

4. 肉牛养殖合作社方面

温总理在作政府工作报告中已明确指出："要加快发展农民专业合作组织和农业社会化服务体系，提高农业组织化程度"。成立农民专业合作组织是获取规模效益的有效途径，肉牛养殖合作社的形成将是实现肉牛规模化养殖，强化牛源基础建设，优化产业组织结构的战略手段。而合作经济组织模式的建立，则不能缺少行业内龙头企业的带动。国家扶持政策将会向那些致力于发展合作经济的肉牛龙头企业倾斜，通过龙头企业带动广大农民群众建立起来的合作经济组织，既可适应现代化肉牛产业的发展需求，也使企业和农户实现了"共赢"的目的。

（二）生产补贴

1. 农产品追溯体系建设支持政策

近年来，农业部在种植、畜牧、水产和农垦等行业开展了农产品质量安全追溯试点，部分省、市也围绕地方追溯平台建设积极尝试，取得了一些经验和成效。经国家发改委批准，农产品质量安全追溯体系建设正式纳入《全国农产品质量安全检验检测体系建设规划》，总投资4 985万元，专项用于国家农产品质量安全追溯管理信息平台建设和全国农产品质量安全追溯管理信息系统的统一开发。项目建设的主要目标是基本实现全国范围"三品一标"的蔬菜、水果、大米、猪肉、牛肉、鸡肉和淡水鱼7类产品"责任主体有备案、生产过程有记录、主体责任可溯源、产品流向可追踪、监管信息可共享"。

2. 畜牧良种补贴政策

从2005年开始，国家实施畜牧良种补贴政策。2013年投入畜牧良种补贴资金12亿元，主要用于对项目省养殖场购买优质种猪精液或者种公羊、牦牛种公牛给予价格补贴。奶牛良种补贴标准为荷斯坦牛、娟姗牛、奶水牛每头能繁母牛 30 元，其他品种每头能繁母牛 20 元；肉牛良种补贴标准为每头能繁母牛 10 元；牦牛种公牛补贴标准为每头种公牛 2 000 元。2014 年国家继续实施畜牧良种补贴政策。

3. 畜牧标准化规模养殖扶持政策

2008 年中央财政安排 2 亿元资金支持奶牛标准化规模养殖小区建设，2009 年开始中央资金增加到 5 亿元，2013 年中央资金增至 10.06 亿元；2012 年中央财政新增 1 亿元支持内蒙古、四川、西藏、甘肃、青海、宁夏、新疆以及新疆生产建设兵团肉牛肉羊标准化规模养殖场开展标准化改扩建。支持资金主要用于养殖场水电路改造、粪污处理、防疫、挤奶、质量检测等配套设施建设等。2014 年国家继续支持畜禽标准化规模养殖。

四、养牛模式和养牛规模

（一）现代养牛特点

以资本密集的肉牛企业或生产单元为主体的生产体系是现代肉牛业的特点之一。当今中国的肉牛业以迅速形成的规模化育肥场的建设而引人注目。以资本力度推动肉牛生产，规模化牛场在各地竞争牛源，进行牛肉产品的深加工等，促进了日益完善的肉牛产业体系的形成。这个体系在河北省首先出现，之后安徽、江苏、河南相继出现。

1. 统一体

统一体包括母牛养殖户、育肥大户、屠宰户或屠宰厂、改良站、配种站、防疫站、冷藏库。母牛养殖户包括饲养一头母牛的农户和饲养数头到数十头母牛的专业户，其经营主要是提供架子牛。育肥大户包括初级育肥的专业户，一般养 3~5 头公犊。无论是放牧或舍饲，养到300～350千克体重出售；也包括强度育肥专业户，其中，规模小的为几十头牛，一般是数百头牛，规模大的为数千头到万头牛以上。而千头规模的育肥场在河北、河南、江苏已有数十户，在很大程度上带动了肉牛的异地育肥。大规模的育肥户是肉牛生产统一体内的高效生产环节，体现出现代肉牛业的优势。屠宰户是肉牛商品化的转化单元，屠宰厂则是现代肉牛业兑现牛肉商品的生产企业。具有排酸、嫩化和高档牛肉分割车间的屠宰厂是与社会需求紧密结合的企业。

2. 繁殖技术

由于冷冻精液技术的应用，一般的配种站已不复存在，取而代之的是省、地、县三级的家畜繁育指导站、冷冻精液站和输精网点，以及乡镇个体经营的配种点，在肉牛良种推广与土种改良方面执行成熟的改良计划。肉用牛改良成为肉牛业一体化不可分割的部分，品种的引入、配套系的制种及其推广需要高投入。

3. 检疫系统

检疫系统是现代肉牛业的又一组成部分。肉牛产品也必须符合检疫标准，这个系统主要是在规模化育肥场和屠宰厂两个生产流程内实施，是必不可少的。

（二）市场经营

在肉鸡业可以由一个企业完成全生产过程，即实行全进全出制，但在肉牛业则尚不可能，就是在生产力最高的国家也没有先例，肉牛业的各个生产户或经营户是各谋其业的，他们之间的关系是商品交易。从提供架子牛开始到高档牛肉分割肉上市，是一个不同层次的产品销售过程，其利润率后一步高过前一步，最后一步销售实现最高效益。因此，肉牛业生产体系中的龙头企业主要从事高档牛肉分割、销售。这里最重要的经营原则是摆好龙头与龙尾的关系，才能取得高效益。因此，在市场经营的机制下要有合作方式，养牛属农，宰割属工，销售属贸，农工贸成为有机

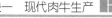

的整体时，肉牛业才能高效发展。

（三）市场服务体系

牛种的改良、育肥牛日粮配制、粗饲料加工调制、市场架子牛买卖及检疫等，被看成是服务。当育肥户掌握一定的催肥技术后，育肥配方就成为密方，潜含商品价值。牛的改良在行政指导下是服务，当农民了解到什么牛种产肉多，什么品种屠宰率高、售价好的时候就愿意出高价去配好的牛种，这是追求高附加值，以提高商品价值。检疫是保证优质产品优质优价的手段，在商品经营中都突破了原有的服务范畴。随着经济的发展肉牛业已具备了商品市场机制。因此，原有的服务机构，凡能按照这个机制开展业务的才能实现应有的经济效益，有关工作人员才能各尽所能，得到相应的报酬，才能保证肉牛业高效发展。

（四）农户规模养牛模式

经验证明，公司联户、小群体大规模的养牛模式是肉牛产业化开发的必然趋势和最佳成功之路。即：在当地政府的协作支持下，以种牛场作为"龙头"，以饲养户作为"车间"，使家家户户都小群体饲养二三头或五六头，并使之形成大群体饲养规模。公司联户、小群体大规模的养牛模式具有无比的优越性，一是可为牛场节约饲草、饲料、人工等饲养成本；二是可为农户解决引种资金不足和出售难的问题；三是由分散饲养而减少了疾病；四是减轻了牛场饲养管理的负担；五是各家各户能少而精地将牛养好；六是能扩大养牛的数量；七是牛场和农户都能以最低的成本获得最大的效益。

模块二 肉牛场的规划和建设

一、肉牛场场址选择

肉牛场的建设关系到肉牛能否获得适宜的环境、饲料管理操作方便的程度及固定资产投资多少，而且一经建成，改造十分困难。在筹建肉牛场之前，必须全面了解当地的自然、社会经济条件，本着科学合理、经济适用的原则，根据牛的数量、种类和发展规模进行生产工艺设计，选址建场。

（一）肉牛场场址的选择原则

肉牛场场址选择的原则是：一是保护当地生态环境；二是最大限度发挥当地资源优势；三是符合肉牛的生物学特性和生理特点；四是有利于保持牛体健康；五是能充分发挥肉牛生产潜力。建设肉牛场时，要结合上述原则，考虑经营方针、生产特点和饲养方式等，同时还要充分考虑地势、地形、土质、水源、交通等因素。

（二）肉牛场场址的选择条件

1. 地势高燥

地势指场地的高低起伏状况。肉牛场适合修建在地势高燥、背风向阳、空气流通、地下水位低、易于排水且有缓坡的北高南低、平坦开阔的地方。

2. 良好的土质

土质要坚实，透水透气性好，以沙质土壤为好，有利于肉牛场及运动场的清洁卫生，降低肉牛蹄病和其他传染病的发病率。

3. 优质的水源

肉牛场每日需要大量的水，主要包括牛的饮水、人员生活用水、饲养管理用水以及消防和灌溉用水。选场时应考虑有可靠、安全、充足的水源，水质良好，以保证生产和生活用水。水源主要包括降水、地面水和地下水，目前，常用的水源为地下水。选择水源时，应方便使用和进行水源保护，并易于进行水的净化和消毒。通常以井水、泉水等地下水为好，而河、溪、湖、塘等水应尽可能经净化处理后再用。育肥牛饮水量 16～30 升/天，随体重和气温变化而增减，同时还要增加 20%～25% 的清洁用水与人的饮水等，必须仔细计算核查，保证有足够的水源。

4. 气候条件

气候主要指与建筑设计有关和造成牛场的气候气象资料，如温度、湿度、风向等，选场要考虑平均气温、常年主导风向、日照情况、降雨量和积雪深度、土壤冻结深度等。这些指标直接关系着场区的防暑、防寒措施以及畜舍朝向、遮阴设施的设置等。

5. 饲草丰富

肉牛的饲草需要量大，优质、充足的饲草料是肉牛饲养的物质保障。因此在选场时应选择距农作物秸秆、青贮和牧草饲料资源较近且丰富的地区。

6. 交通便利、能源方便

肉牛场建设时应考虑交通、电力、能源的便利。饲草、粪便、架子牛和育肥牛等的运输问题要求场址选在交通便利的地区；肉牛场的附属设施的运转要求电力、能源便利，不影响正常生产。

7. 城乡建筑设计

牛场场址的选择应考虑城镇和乡村的长远发展，不应在城镇建设发展方向上选择，以免造成场址的搬迁和重建。为了方便饲料和配合饲料的获得，牛场粪便废弃物的运出，以及牛糟液和水电的供给，牛场也不宜远离交通线和城镇，但牛场应在居民点的下风处，地势低于居民点，与居民点之间距离保持300米以上，更要远离居民点污水排放口。不应选在化工厂、屠宰场、制革厂等容易造成环境污染的下风处或附近。

8. 卫生防疫要求

场址应符合兽医防疫要求与公共卫生的要求，肉牛场不能成为周围社会的污染源。牛场的位置应选在居民点的下风向，地势较低的地方，并且要与居民点保持500米以上的间距，牛场距离大城市应该达到20千米，距离小城镇达到10千米。牛场位置要求交通便利，但必须与公路保持一定间距，按照畜牧场建设标准，要求距国道、省际公路500米，距省道、区际公路300米，距一般公路100米。

二、牛场规划设计

肉牛场的规划应本着因地制宜和科学管理的原则，以整齐、紧凑、提高土地利用率和节约基建投资，经济耐用，有利于生产管理和便于防疫、安全为目标。

（一）牛场规划的基本要求

1. 符合生产工艺要求

牛场设计必须与生产工艺相配套、便于生产操作及提高劳动生产率，利于集约化生产与管理，满足自动化、机械化所需要的条件。在实际生产中，应根据当地的技术经济条件和气候条件，因地制宜，就地取材，尽量做到节约建筑材料、节省劳动力，减少投资，在满足先进的生产工艺前提下，尽量做到经济适用。

2. 创造适宜的牛舍环境

牛舍建筑要充分考虑牛的生物学特性和生活习性，为牛发挥更大潜力的生长性能创造适宜环境条件。适宜的牛舍环境主要包括牛舍温度、湿度、通风和采光等。

3. 配套的工程防疫和环境保护措施

牛场的工程防疫主要通过合理规划场地和建筑物布局，场门口设置消毒池、消毒垫或消毒间以及合理设计粪水的贮存和处理设施等措施来实现。牛舍的标准化建设是实现工程防疫的有效措施，此外，牛场中应要设置兽医室、治疗室、病牛处理室等附属建筑，最大限度地减少牛场疾病的发生，保证牛的健康。

（二）牛场的规划和布局

1. 肉牛场的功能分区

根据生产功能，牛场通常分为生活管理区、辅助生产区、生产区和粪污处理区（图 2 - 1）。当地势和风向不是同一方向，而按照防疫要求又不容易处理时，则应以风向为主。

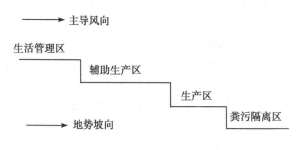

图 2 - 1　按地势、风向的功能分区规划图

（1）生活区、管理区。主要包括办公室、接待室、资料室、财务室、职工宿舍、食堂、厕所和值班室等建筑。一般情况下生活管理区位于靠近场区大门内集中布置。生活管理区应该设在常年主导风向上风向、地势较高的地方。

（2）生产辅助区。主要是与生产功能联系较紧的设施，要紧靠生产区布置。主要包括供水、供电、供热、维修的设施。生产辅助区和生产区要隔离开，大门口设立门卫室、消毒更衣室和车辆消毒池，严格控制人员出入。

（3）生产区。生产区是整个牛场的核心区域，主要布置不同类型的牛舍、饲料调配间、原料间、草料棚、青贮窖、酒糟池、装牛台等设施。按照场地建筑规划要求，牛犊舍在上风向，育肥牛舍在下风向。

生产区与生活管理区、生产辅助区之间应设置围墙或绿化带，既起到绿化作用，又起到隔离作用。

（4）隔离区。主要包括兽医室、畜尸解剖室及处理设施、贮粪池及粪污处理设施。该区位于全场场区最低处、主导风向的下风向，并应与生产区保持适当的卫生间距，且该区周围必须又绿化隔离带。粪污处理区的设施有专门的道路与生产区相连。

2. 规划设计

（1）牛舍排列。肉牛场的建筑物排列的是否合理直接关系到场区环境的好坏，如通风和采光的影响。牛舍常用的排列方式主要有单列式、双列式和多列式等（图2-2），选择任何一种排列方式，都应避免因线路交叉而引起相互污染。

①单列式优点是场区的净道和污道分工明确，但工程和道路线路较长，该排列方式适合小规模、场地狭长的肉牛场。

②双列式优点是该方式既能保证场区净道和污道严格分开，又能缩短道路和工程管道的线路，比较经济实用。

③多列式该方式要注意净道和污道不要交叉，适合大型肉牛场采用。

（2）牛舍朝向。牛舍的朝向要考虑当地地理纬度、环境、局部气候及建筑用地条件等因素。合适的朝向既要满足采光的需要，又要符合通风要求。牛舍通常多采用南向，但南方炎热地方在夏季要避开西晒，冬冷夏热的寒冷地区要避免冬季的西北风。

（3）牛舍间距。牛舍间距应根据舍内的采光、通风、防疫和防火等几个方面综合确定。在我国采光间距应该根据当地的纬度、日照要求以及畜舍檐口高度来确定，通常情况下，采光间距一般为1.5~2倍的檐高，通风和防疫间距为3~5倍的檐高，防

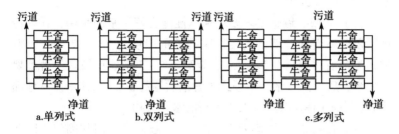

图 2－2　牛舍排列方式

火间距为 3～5 倍的檐高。总体来说，牛舍间距主要由防疫间距来定，一般不少于牛舍檐高的 3～5 倍。实际生产中，两栋牛舍间距要求不少于 10 米，隔离舍应设在健康牛舍 50 米以外、地势较低、场区下风向或侧风向处。

三、牛舍的建造

建造肉牛舍要符合兽医卫生要求、科学合理，同时力求就地取材，经济实用。

（一）肉牛舍建筑要求

1. 肉牛舍建筑原则

牛舍建筑必须综合考虑饲养目的、饲养场所的条件规模及养牛设施等因素。在大规模饲养时，要考虑节省劳力；小规模分散饲养时，要便于详细观察每头牛的状态，以充分发挥牛的生理特点，提高经济效益。

2. 肉牛舍建筑基本要求

（1）选址与朝向。在下燥向阳、地势高的地方建牛舍便于采光保暖。牛舍要坐北朝南，并以南偏东 150° 为好，这在寒冷地区尤为重要。

（2）屋顶。屋顶的隔热保温效果要好，样式可采用单坡式、双坡式、平顶式等。

（3）墙壁。墙壁要求要求保温性能良好，坚固耐用，在寒冷地区还可适当降低墙的高度。砌砖墙的厚度为 24 ~ 37 厘米。双坡式牛舍前后墙高 2.5 ~ 3 米，脊高 4.5 ~ 5 米。单坡式牛舍前墙高 3 米，后墙高 2 米。平顶式牛舍前后墙高 2.2 ~ 2.5 米。从地面算起，牛舍内壁应抹 1 ~ 1.2 米高的水泥墙裙。

（4）门与窗。大型双列式牛舍，一般设有正门和侧门，门向外开或建成铁制左右拉动门，正门宽 2.2 ~ 2.5 米，侧门宽 1.5 ~ 1.8 米，高 2 米。南窗 1 米 × 1.2 米，北窗 0.8 米 × 1 米，以便于通风换气、防暑，并能扩大采光面积。

（5）地面。可采用砖地面或用水泥抹成的粗糙地面。这种地面坚固耐用、防滑，便于清扫与消毒。

（6）牛床。牛床大小要依肉牛品种来定。一般牛床的长度为 1.8 ~ 1.9 米，宽度为 1.1 ~ 1.2 米，床面用水泥抹成粗糙地面，并具有一定坡度。

（7）饲槽。设在牛床前面、有固定式和活动式两种，一般为固定式水泥饲槽，上宽 0.5 ~ 0.6 米，底宽 0.3 ~ 0.4 米，槽外缘高 0.4 ~ 0.8 米，槽内缘距槽底 0.3 ~ 0.45 米，槽内缘距地面 0.45 米。槽底呈圆弧形，在槽的一端留排水孔。另外，在槽的内缘应建造有拴牛缰绳的铁环。每头牛占饲槽的长度为 0.8 ~ 1 米。

（8）通道。通道宽度应以送料车能通过为准。如采用对头式饲养的双列式牛舍，中间通道宽 1 ~ 1.5 米。如采用对尾式饲养的双列式牛舍，中间通道宽 1.3 ~ 1.5 米，两侧饲料通道 1 ~ 1.1 米。

（9）粪尿沟和污水池。粪尿沟宽 28 ~ 30 厘米，深 15 厘米，坡度为 1% ~ 2%。一般要求表面光滑，不渗漏。粪尿沟一直通到室外污水池，污水池要远离牛舍 6 ~ 8 米，其容积根据牛的数量而定。

（10）运动场。育成牛和繁殖母牛一般都要设运动场，运动场大小报据牛数量而定，每头牛占用面积约 10 平方米。育肥牛一般限制运动，调喂后拴系在运动场上休息。

（二）牛舍建筑类型

牛舍建筑类型的分类方法主要有两种，一种是根据牛舍墙壁的封闭程度分为完全开放式、半开放式、封闭式和塑料暖棚舍；另一种是根据牛舍屋顶造型可分为单坡式屋顶、双坡式屋顶、联合式屋顶、平顶式屋顶、拱顶式屋顶、钟楼和半钟楼式屋顶以及通风缝式屋顶等（图2-3）。

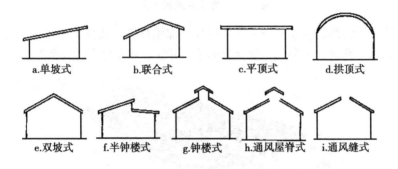

a.单坡式　　b.联合式　　c.平顶式　　d.拱顶式

e.双坡式　　f.半钟楼式　　g.钟楼式　　h.通风屋脊式　　i.通风缝式

图2-3 不同屋顶形式的牛舍样式

1. 完全开放式牛舍

这种牛舍结构比较简单，牛舍四面无墙或只有端墙，起到遮阳和挡雨雪的作用，但冬季保温能力较差，又称敞笼式、凉棚式或棚舍。主要优点是成本低，适合于南方和北方温暖地区。为了提高冬季的保温性能，可以在牛舍前后加设卷帘或塑料薄膜。根据牛舍屋顶形式，目前，最常用的完全开放舍是双坡完全开放舍和拱顶完全开放舍。双坡完全开放舍的牛栏一般双列布置（图2-4）。

2. 半开放式牛舍

半开放舍（图2-5）通常是三面有墙或正面无墙，夏季通风较差，但冬季保温性能相对好些。此牛舍冬季经常在敞开的一面

图 2 – 4　完全开放式牛舍

铺设塑料薄膜、卷帘等设施，以加强保温性能。根据牛舍屋顶形式，半开放式牛舍又可细分为单坡半开放舍和联合半开放舍等。

图 2 – 5　半开放式牛舍

3. 封闭式牛舍

封闭式牛舍（图 2 – 6）是通过墙体、屋顶、门窗和地面等外围结构形成全封闭状态的牛舍。此牛舍有较好的保温隔热效果，便于人工控制舍内通风换气、采光、温湿度等。

4. 塑料暖棚牛舍

塑料暖棚牛舍一般牛舍的朝向为坐北朝南、东西定向的塑料暖棚舍，是北方常用的一种经济实用的单列或双列式半封闭牛舍，利用阳光和牛自身散发的热量提高舍温，实现暖棚养牛，塑料薄膜的扣棚面积为棚面积的 1/3 左右。北方的塑料暖棚结构以联合式和半圆形拱式较多（图 2 – 7）。此牛舍要求每天定时通风，

图2-6 封闭式牛舍

来保证舍内的温湿度。

图2-7 塑料暖棚牛舍

四、牛场的设备和设施

（一）饲喂设备

1. 饲槽

饲槽要求坚固、光滑、清洁，常用高强度混凝土砌成。一般为固定饲槽，其长度与牛场宽度相同，饲槽上沿宽 55～80 厘米，底部宽 40～60 厘米，槽底为 U 形，在槽一端留有排水孔。目前大部分小群饲养以及部分拴系饲养的肉牛采用地面饲喂，一般在牛站立的地方和饲槽间要设挡料墙，其宽度 10～12 厘米。

2. TMR 饲喂车

TMR 饲喂车主要由自动抓取、自动称量、粉碎、搅拌、卸和输送装置等组成。可以自动抓取青贮、自动抓取草捆、自动抓取精料和啤酒糟等，能大量减少人工，简化饲料配制及饲喂过程，提高肉牛饲料转化率。

（二）饮水和牛舍通风及防暑降温设备

1. 饮水设备

拴系饲养的肉牛饮水设备主要是饮水碗，一般相邻 2 头肉牛共用 1 个，设在相邻牛栏隔栏的六柱上，高度要高于牛床 70 厘米左右。大部分育肥牛场，水槽和料槽共用 1 个，牛吃完料后给水，但难于保证每头牛都能喝上足够的水。运动场内要设饮水槽，1 个水槽可以满足 10～30 头肉牛的饮水需要，使牛饮水占用的空间与其采食位宽度相似，如果牛群大于 10 头，至少要设 2 个饮水槽。饮水槽宽 40～60 厘米，深 40 厘米，高不超过 70 厘米，槽内放水以 15～20 厘米为宜。水槽周围要设 3 米宽的水泥地面，利于排水。

2. 牛舍通风及防暑降温设备

牛舍通风设备有电动风机和电风扇。轴流式风机是牛舍常见的通风换气设备，这种风机既可排风，又可送风，而且风量大。电风扇也常用于牛舍通风，一般以吊扇多见。

牛舍防暑降温可采用喷雾设备，即在舍内每隔 6 米装 1 个喷头，每 1 个喷头的有效水量为每分钟 1.4～2 升，降温效果良好。目前，有一种进口的喷头喷射角度是 90°和 180°。喷射成淋雾状态，喷射半径 1.8 米左右，安装操作方便，并能有效合理的利用水资源。喷淋降温设备包括：PVC、PE 工程塑料管、球阀、连接件、进口喷头、进口过滤器、水泵等。一般常用深井水作为降温水源。

（三）饲料加工设备

1. 铡草机

铡草机主要用于秸秆和牧草类饲料的切短，也可用于铡短青贮料。按照型号铡草机可分为大、中、小型 3 种。按切割部分不同又可分为滚筒式和圆盘式。小型肉牛场以滚筒式为多，用于切割稻草、麦秸、谷草类等，也可用来铡干草和青饲料，适于现铡现喂。圆盘式铡草机适于大中型牛场，可移动，还可以抛送青贮饲料。

2. 饲料粉碎机

饲料粉碎机主要用来粉碎各种粗、精饲料达到所需要的粒度。目前，国内生产的粉碎机类型主要有锤片式和齿爪式粉碎机。前者是一种利用高速旋转的锤片击碎饲料的机器，生产率较高，适应性广。既能粉碎谷物类精饲料，又能粉碎纤维含量高、水分较多的青草类、秸秆类饲料。后者是利用固定在轮子上的齿爪击碎精饲料，适于粉碎纤维含有少的精饲料。

3. 揉搓机

揉搓机是 1989 年问世的一种新型机械。它介于铡切和粉碎两种加工方法之间的一种新方法。其工作原理是将秸秆送入料槽，在锤片及空气流的作用下，进入揉搓室，受到锤片、定刀、斜齿板及抛送叶片的综合作用，把物料切断，揉搓成丝状，经出料口送出机外。

4. 小型饲料加工机组

主要由粉碎机、混合机和输送装置等组成。其特点：一是生产工艺流程简单，多采用主料先配合后粉碎再与副料混合的工艺流程；二是多数用人工分批称量，只有少数机组采用容积式计量和电子秤重计量配料，添加剂采用人工分批直接加入混合机；三是绝大多数机组只能粉碎谷物类原料，只有少数机组可以加工秸秆料和饼类料；四是机组占地面积小，对厂房要求不高，设备一般安置在平房建筑物内。小型饲料加工机组有时产 0.1 吨、0.3 吨、0.5 吨、1.0 吨、1.5 吨，可根据需要选购。

（四）青贮设施

青贮池应用较多的有 3 种：地下式、半地下式和地上式。前 2 种投资少常被采用，但由于不易排水的缺点使人们的注意点逐渐转向地上式。地上式青贮池在规模化畜牧场用得较多。青贮池一般设为条形，一端或二端开口，多个青贮池可并联建筑。设计青贮池容积时，根据每年肉牛实际消耗的青贮料加上 20% 的损失青贮来计算，青贮池高度常采用 2.5 ~ 4.0 米，每天取料深度约 20 厘米，据此可以得出青贮池宽度。地上青贮时，要求地面设计标高高于池外标高 30 厘米左右，利于排水。青贮池地面朝取料口方向要有一定坡度，坡度 0.5% ~ 1.0%。池中央沿纵轴向设 1 条排水沟，在青贮池内的 2 条纵墙内侧设置 2 条排水沟。

（五）消毒设施

一般在牛场或生产区入口处设置车辆和人员的消毒池或消毒间。消毒池常用钢筋水泥浇筑，供车辆通行的消毒池平面尺寸（长×宽×高）为 4 米×3 米×0.1 米。供人员通行的消毒池尺寸（长×宽×高）为 2.5 米×1.5 米×0.05 米。消毒间一般设有紫

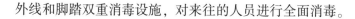

外线和脚踏双重消毒设施，对来往的人员进行全面消毒。

（六）赶牛入圈和装卸牛的场地

运动场宽阔的散放式牛舍，人少赶牛很难。圈出一块场地用二层围栅围好，赶牛就方便得多。运动场狭小时，可以用梯架将牛赶至角落再牵捉。用 1 米长的 8 号铁丝顶端围—圆环，勾住牛的鼻环后伸捉就容易了。

使用卡车装运牛时需要装卸场地。在靠近卡车的一侧堆土坡便于往车上赶牛。运送牛多时，应制一个高 1.22 米、长 2 米左右的围栅，把牛装入栅内向别处运送很方便，这种围栅亦可放在运动场出入口处，将一端封堵，将牛赶入其中即可抓住牛，这种形式适用于大规模饲养。

模块三 肉牛品种改良和繁殖技术

一、常见肉牛品种

(一) 国外引入的常见肉牛品种

1. 海福特牛 (图 3 - 1)

(1) 产地。产于英格兰西部的海福特县以及毗邻的牛津县等地, 是世界上最古老的中小型早熟肉用牛品种, 现分布世界多个国家。

(2) 外貌特征。分有角和无角, 属于典型肉用体型。颈粗短, 体躯宽深, 前胸发达, 肌肉丰满, 四肢短, 体型呈矩形。头、颈垂、腹下、四肢下部及尾端一般为白色, 其余均为暗红色。

(3) 生产性能。成年公牛体重 850 ~ 1 100 千克, 母牛 600 ~ 700 千克。早熟, 增重快, 屠宰率可达 60% ~ 65%, 净肉率达 57%, 肉质细嫩多汁, 味道鲜美。该肉牛适应性强, 耐粗饲, 抗病力强。

2. 安格斯牛 (图 3 - 2)

(1) 产地。产于英国苏格兰的阿伯丁、安格斯和金卡丁等地, 属早熟的中小型肉牛品种。

(2) 外貌特征。无角, 全身被毛黑色, 又称无角黑牛。体躯宽而深, 背腰平直, 后躯发育良好, 四肢短, 肌肉发达, 体躯呈圆筒状, 具有现代肉牛的典型体型。

(3) 生产性能。成年公牛平均体重 800 ~ 900 千克, 母牛 500 ~ 600 千克, 牛犊出生平均体重 25 ~ 32 千克。表现成熟早, 耐粗饲, 耐寒, 适应性强, 屠宰率可达 60% ~ 65%, 具有良好的肉

图3-1 海福特牛

用性能。

图3-2 安格斯牛

3. 夏洛来牛（图3-3）

（1）产地。产于法国的夏洛来和涅夫勒地区，属大型肉牛品种。

（2）外貌特征。被毛为乳白色，头短而角小。角为白色，颈粗短，胸深宽，背长平宽，臀部肌肉圆厚丰满，尻部常出现隆起的肌束，称"双肌牛"。

（3）生产性能。该牛适应性强、耐粗饲、耐寒、抗病能力强，但繁殖率低，难产率高。成年公牛体重 1 100～1 200 千克，母牛 700～800 千克。产肉性能好，一般屠宰率为 60%～70%，胴体净肉率为 80%～85%，肉质好，瘦肉多。

图 3 - 3　夏洛来牛

4. 利木赞牛（图 3 - 4）

（1）产地。产于法国中部的利木赞高原，属大型肉牛品种。

（2）外貌特征。利木赞牛的被毛为黄红色，背部毛色较深，四肢内侧、腹部、眼圈、口鼻、会阴部及尾帚的毛色较浅。角为白色，蹄为红褐色。公牛角粗而短，向两侧伸展；母牛角细，向前弯曲。体躯长而宽，肩部和臀部肌肉发达，四肢短粗。

（3）生产性能。在良好饲养条件下，10 月龄活重可达 408 千克，12 月龄达 480 千克。产肉性能好，屠宰率可达 63%～71%，瘦肉率高达 80%～85%。

5. 西门塔尔牛（图 3 - 5）

（1）产地。产于瑞士的阿尔卑斯山区，是世界著名的役肉兼

图 3-4　利木赞牛

用牛品种。

（2）外貌特征。该牛的毛色为黄白花或红白花，头、胸、腹下、尾梢和四肢多为白色。头大颈短，眼大有神，角细，骨骼粗壮结实，肌肉丰满。

（3）生产性能。成年公牛体重 1 000 ~ 1 300 千克，母牛650 ~ 750 千克。产乳量比肉用牛高，产肉性能不比肉牛差。屠宰率达 55% ~ 60%，经肥育后公牛屠宰率可达 65%。适应性好，耐粗饲，性情温驯，耐粗放管理。

6. 短角牛（图 3-6）

（1）产地。产于英格兰的诺桑伯、约克、德拉姆和林肯等地，属大型肉牛品种。

（2）外貌特征。该牛被毛卷曲，多为深红色，少数为沙毛、白毛。具有典型的肉用品种体型，体躯深宽，颈短，背腰平直，四肢短，肢间距宽，全身肌肉丰满，呈矩型。

（3）生产性能。成年公牛体重 900 ~ 1 200 千克，母牛 600 ~ 700 千克。早熟，饲料利用率高，增重快，产肉多，肉质细嫩，屠宰率 65% 以上。

图 3-5 西门塔尔牛

图 3-6 短角牛

（二）各地区代表性品种及特征

1. 秦川牛（图 3-7）

（1）产地。产于陕西省关中地区，是我国优良的地方黄牛品种之一,属较大型的役肉兼用品种。

(2)外貌特征。秦川牛的毛色为紫红、红、黄色3种。体格高大,骨骼粗壮,肌肉丰满,体质强健。头部方正,肩长而斜,胸宽深,肋长而开张,背腰平直宽长,长短适中,结合良好。荐骨部隆起,后躯发育稍差。四肢粗壮结实,两前肢相距较宽,蹄叉紧。公牛头较大,颈短粗,垂皮发达,犄角高而宽;母牛头清秀,颈厚薄适中,犄角低而窄。角短而钝,多向外下方或向后稍弯曲。

(3)生产性能。秦川牛挽力大,容易育肥。经肥育的18月龄牛的平均屠宰率为64%,净肉率为50.5%。肉细嫩多汁,肉味鲜美,大理石纹明显。秦川母牛常年发情,秦川牛是优秀的地方良种,是理想的杂交配套品种。在中等饲养水平下,初情期为10月龄。

图3-7 秦川牛

2. 南阳黄牛(图3-8)

(1)产地。产于河南省南阳地区,以南阳市郊区、南阳县、社旗县、邓县和新野县等地的牛最著名。属大型役肉兼用品种。

（2）外貌特征。南阳黄牛的毛色以黄色为主，还有米黄色和草白色，面部、腹下、四肢下部毛色较浅，鼻镜多为肉色带黑色。体型高大，骨骼粗壮而结实。公牛头方正，颈短粗，前躯发达，肩峰隆起 8 ~ 9 厘米。母牛头部清秀，中躯发育良好。

（3）生产性能。成年公牛体重 650 ~ 700 千克，母牛体重 300 ~ 450 千克。易肥育，肉质细嫩，屠宰率高。

图 3 - 8　南阳黄牛

3. 鲁西黄牛（图 3 - 9）

（1）产地。产于山东省西南部的济宁和菏泽地区，为我国优良黄牛品种之一。

（2）外貌特征。鲁西黄牛的毛色黄色为主，眼圈、嘴圈、腹下及四肢内侧毛色较浅。体躯高大，肌肉发育好，前躯较深，背腰宽广，具有长方形的肉用牛外貌。

（3）生产性能。成年公牛体重 650 千克，成年母牛体重 450 千克。肥育性能好，肉质细嫩，大理石纹明显。肥育到 22 ~ 24 月龄，屠宰率可达 63%，净肉率为 53.5%。

4. 晋南牛（图 3 - 10）

（1）产地。产于山西省的运城、临汾两个地区，属大型役肉兼用品种，是我国优良黄牛品种之一。

图 3 - 9　鲁西黄牛

图 3 - 10　晋南牛

（2）外貌特征。晋南牛的被毛为枣红色，鼻镜、蹄壳为粉红色。体躯高大，骨骼粗壮，前躯较后躯发达，胸深且宽，肌肉丰满。

（3）生产性能。成年公牛体重 600～700 千克，母牛体重

300～500千克。饲料利用率和屠宰成绩较好，是良好的肉用品种。

二、肉牛体型外貌

体型外貌是体躯结构的表现，在一定程度上可反映牛的生产性能，外形良好的个体就有较高的生产性能。体型外貌也是品种的重要特征，通过各个部位的形状和毛色可区别牛的品种，也可区别纯种牛和杂种牛，同时也是判断肉牛营养水平和健康状况的依据。所以，根据肉牛的体型外貌评定其生产性能和种用价值，对肉牛的育种与改良具有重要作用。

（一）牛体部位的划分

牛的体躯一般分为头颈、前躯、中躯和后躯4个部分。

（1）头颈部在体躯的最前端，以鬐甲和肩端的连线为界与躯干分开。其中耳根至下颌后缘的连线之前为头，之后为颈。

（2）前躯颈部之后至肩胛软骨后缘垂直切线以前，包括鬐甲、前肢、胸等部位。

（3）中躯肩胛软骨后缘垂线之后至腰角前缘垂直切线之前的中间躯段，包括背、腰、腹等部位。

（4）后躯腰角前缘垂直切线之后的部位，包括尻、臀、后肢、尾、乳房、生殖器官等。

（二）牛体各部位的名称

了解和熟悉牛体各部位名称是进行外貌鉴定和体尺测定的基础，牛体各部位名称如图3-11所示。

（三）肉牛的体型外貌特征

从整体来看，肉用牛应是体躯低矮、皮薄骨细、全身肌肉丰

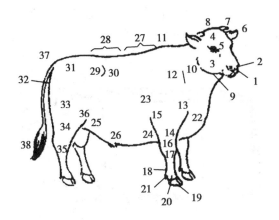

图 3-11 肉牛各部位名称

1. 鼻镜 2. 鼻孔 3. 脸 4. 额 5. 眼 6. 耳 7. 角 8. 额顶 9. 下颌
10. 颈 11. 鬐甲 12. 肩 13. 肩端 14. 臂 15. 肘 16. 腕 17. 管 18. 球节
19. 蹄 20. 系 21. 悬蹄 22. 前胸 23. 胸 24. 前肋 25. 后肋 26. 腹 27. 背
28. 腰 29. 腰角 30. 胁 31. 臀 32. 臀端 33. 大腿 34. 小腿 35. 飞节 36. 膝
37. 尾根 38. 尾梢

满、疏松而匀称，属细致疏松型。专门化的肉牛品种头短额宽，角细耳轻，颈短而宽，体躯深度较大，四肢较短，肢间距较宽，骨骼细致，关节分明。肉牛的皮肤松软柔和，富于弹性。用手触摸有肥厚、细腻的感觉，被毛细密、柔软而有光泽。尤其是早熟肉牛，其背、腰、尻及大腿等部分的肌肉因夹有丰富的脂肪而形成大理石纹状，被毛细密，富有光泽，并呈现卷曲状。前望、侧望、上望和后望均呈矩形，构成六面体的长方砖形（图 3-12）。

此外，随着人们对牛肉品质要求的改变，肉牛选育目的和培育条件也发生相应调整，导致肉牛的外形也随时代有所改变。例如，肉牛由过去的低垂、四方形、肥胖型，向现在的高大型、背腰和后腿肌肉发达的瘦肉型方面转变。

瘦肉型肉牛体躯较长，前肢后肢间宽，肌肉发达，表现为后肢侧望肌肉向后突出延伸。后望，尻部后腿肉向内向外开张延伸；上望，背腰及肩部有丰满的肌肉。总之，这种牛肌肉发达，有标准肥育度，胴体等级高，出肉率高，切割肉多。

图 3 – 12　肉牛体型模式图

三、肉牛的体型鉴定

体型外貌鉴定常用的方法有肉眼鉴定、测量鉴定、评分鉴定三种。其中以肉眼鉴定应用最广，测量鉴定和评分鉴定可作为辅助鉴定方法。

（一）肉眼鉴定

选择肉牛的过程即对肉牛进行鉴定的过程。肉眼鉴定时，使被鉴定的牛自然地站在宽广平坦的场地上，鉴定人员站在距牛3～5米的地方进行鉴定。首先对整个牛体环视一周，以便有一个轮廓的认识和掌握牛体各部位的发育是否均匀，同时注意分析牛整体的平衡状态、体躯形状、各部位结合状况与发达程度。然后站在牛的前面、侧面和后面分别进行观察。从前面观察牛头部的结构，胸和背腰的宽度，肋骨的扩张程度和前肢的肢势等；从侧面观察胸的深度，整个体型、肩及尻部的倾斜度，颈、背、腰、尻等部的长度，乳房的发育情况以及各部位是否匀称；从后面观察体躯的容积和尻部发育情况。肉眼观察完毕、再用手触摸，了解其皮肤、下皮组织、肌肉、骨骼、毛、角和乳房等发育情况。最后，让牛自由行走，观察四肢的动作、肢势与步样及相互间的协调性。

肉眼鉴定方法简便易行，不需要任何仪器设备，但要求鉴定人员具有丰富的鉴定经验，才能够保证鉴定结果准确可靠。

（二）测量鉴定

1. 体尺测量

牛体尺是指牛某一部位长或宽的量的反应。牛体尺测量是对牛体某一部位的长或宽的度量，通过对肉牛进行体尺测量，不仅能反映机体某一部位和整体的大小，还可以确定肉牛的生长发育情况，来补充肉眼鉴定的不足。体尺测量时场地要平坦，牛站立姿势要端正。测量工具可用测杖、卷尺、卡尺等。一般测量项目如下。

（1）体高。又称鬐甲高，即鬐甲最高点至地面的垂直距离，用测杖测量。

（2）体斜长从肩端前缘到坐骨结节后缘的距离，用测杖或卷尺测量。

（3）体直长从肩胛前缘至坐骨结节间的水平距离，用测杖测量。

（4）胸围肩胛骨后缘处垂直绕胸一周的圆周长度，松紧程度以插入食指和中指，上下能滑动为准，用软卷尺测量。

（5）管围在前肢上1/3处（即最细处）的水平周径，用软卷尺测量。

（6）胸宽沿两肩胛后缘量胸部最宽的距离，即左右第六肋骨间的最大距离，用测杖或圆形测定器测量。

（7）胸深沿肩胛骨后角，从鬐甲到胸骨的垂育距离，用测杖测量。

（8）尻长即臀长，腰角前缘至坐骨结节后缘的距离，用测杖或圆形测定器测量。

（9）髋宽两髋关节外缘间的最大宽度，用测杖或圆形测定器测量。

（10）腰角宽两腰角外缘的最大距离，用测杖或圆形测定器测量。

（11）坐骨宽即臀端宽，两坐骨结节外缘间的距离，用圆形测定器测量。

（12）后腿围从右臀角外缘处沿水平方向（通过尾的内侧）量到左臀角的外缘，连测2次取平均值。用软卷尺测量。

2. 体尺指数的计算

体尺指数就是畜体某一部位尺寸与另一部位尺寸的相对值，常用百分数（％）表示。体尺指数能够反映牛体各部位发育的相互关系与比例。牛体测量后经常计算的体尺指数主要包括：体长指数、体躯指数、管围指数、尻宽指数等。体尺指数的计算与分析如下。

（1）体长指数。

体长指数（％）=（体斜长/体高）×100

体长指数说明体长与体高的相对发育情况。胚胎型的牛，由于胚胎期高度发育不全，此指数较大；而在生长期发育不全的牛，则由于长度发育受阻，其指数远较同品种牛平均数为低。

（2）体躯指数。

体躯指数（％）=（胸围/体长）×100

体躯指数用来表示躯干容量的发育程度。肉牛、役用牛的提取指数高于奶牛。

（3）尻宽指数。

尻宽指数（％）=（坐骨宽/腰角宽）×100

尻宽指数反映的是尻部发育情况，在鉴别种用公、母牛时特别重要。尻宽指数越大越好。高度培育的品种尻宽指数较原始品种要大。

（4）管围指数。

管围指数（％）＝（管围/体高）×100

管围指数可判断牛体躯骨骼相对发育的情况。肉牛的管围指数小于奶牛。

（三）活重测定

测量体重也是了解肉牛生长发育情况的重要方法。体重的测定包括两种方法，即实测法和估测法。

（1）实测法即称量法，一般用台秤或地磅，使牛站在上面，进行实测。每次称重应在早晨饮喂之前进行。牛犊每月测重1次，育成牛3个月测重1次，育肥牛每月测重1次，成年母牛第1、3、5胎的产后30～50天内测重。

（2）估测法。在没有台式秤或不便于称重时，用体尺测量计算的方法估测体重。其原理是将牛体视为一个近似的圆柱体，利用计算圆柱体体积的公式可以近似估算出牛体的体积。体积乘以牛体的比重，即为牛的体重。一般估重与实重相差不超过5％，即认为效果良好，如超过5％时则不能应用。估测法通常是使用胸围和体长来估测，公式如下。

体重（千克）＝胸围²（米）×体长（米）×估测系数

估测系数＝实际体重/（胸围²×体长）

（四）评分鉴定

牛的外貌是其器官和系统的外部表现，在一定程度上反映其品种特征、生产性能和对环境的适应性。肉牛的外貌评分鉴定是根据牛的不同品种和用途，按牛的各部分与生产性能及健康程度关系的大小、分别规定出不同分数，主要部位占的分数多、次要部位占的分数少，总分 100 分。鉴定人员根据评分标准，分别评分，并综合各部位评得的分数，即得出该牛的总分数。最后根据总分的高低，确定牛外貌等级。我国肉牛繁育协作组制定的肉牛外貌评分鉴定和等级标准见表 3-1、表 3-2。

表 3-1　肉牛外貌鉴定评分表

部位	鉴定要求	评分	
		公	母
整体结构	品种特种明显，结构均匀，体质结实，肉用体型明显，肌肉丰满，皮肤柔软有弹性	25	25
前驱	胸深厚，前胸突出，肩胛平宽，肌肉丰满	15	15
后驱	尻部长、平宽，大腿肌肉突出伸延，母牛乳房发育良好	25	25
肢蹄	肢蹄端正，两肢间距宽，蹄形正，蹄质坚实，运步正常	20	15
合计		100	100

表 3-2　肉牛外貌等级评定表

性别	特等	一等	二等	三等
公	85	80	75	70
母	80	75	70	65

四、杂种优势利用

1. 杂种优势

杂种肉牛杂交所产的后代，杂种的父母不属同一个品种。杂种牛一般表现为生活力、抵抗力、适应性均较强，生产发育速度较快，表现出比其父本、母本品种来说有某种优越性或优势。据研究，以品种杂交来生产牛肉，其产肉量可比原品种提高 10% ~

20%。人们把这种杂种肉牛超越双亲能力的现象叫做杂种优势或杂交优势。

2. 杂交方法

根据杂交后代生物学特性和经济利用价值,杂交方法分为品种间杂交和种间杂交两类。

(1)品种间杂交。肉牛生产中常用的杂交方式,通过杂交可提高肉牛群的生产性能,改良外貌及体型上的缺陷和培育新的肉牛品种。

(2)种间杂交。属于远缘杂交,是不同种间公母牛的杂交。如黄牛和瘤牛杂交、黄牛与牦牛杂交等。

3. 杂交方式

杂种优势利用的目的是直接为商品养牛业服务,生产高产、优质、低成本的畜产品,所以也叫经济杂交。

(1)二品种杂交。也称简单的经济杂交,就是用两个品种杂交,产生一代杂种,不论公母全部供商品种用。由于一代杂种的杂合程度最大,因此杂种优势表现最强。这种杂交方式的特点是简单,能充分利用杂种一代的杂种优势。

(2)三品种杂交。也称复杂的经济杂交,就是把两个品种杂交的1代杂种母牛与第3个品种的公牛交配,产生的品种(三品种杂种)不论公母牛全部供经济利用,三品种杂交的优点是以一代杂种为杂交母本,能充分利用它在生活力和繁殖力上所表现的杂种优势,杂种母牛再与第3个优良品种公牛杂交,可以结合不同优点,获得经济利用价值更高的三品种杂种。

(3)轮回杂交。轮回杂交就是利用两个以上品种逐代地轮流杂交,各世代的杂种母牛除选留一部分优秀者用于繁殖外,其余母牛和全部公牛均供经济利用。轮回杂交的优点是:一方面利用了各世代的优良杂种母牛,并能在一定程度上保持和延续杂种优势。轮回杂交比一般的经济杂交更经济,因为这种杂交方式只在开始时繁殖一个纯种母牛群,以后除配备几个品种少数公牛外,只养杂种母牛群即可。此外，在轮回过程中也有可能得到结合几个不同品种优良性状的理想型杂种，从而为育成新品种奠定基础。

4. 杂交育种

（1）导入杂交。又称引入杂交，以原有品种为主，原有品种基本上能满足国民经济需要，但有个别缺点需要改进，此时，引入外来品种进行杂交，其杂交后代再与原有品种回交，使外来品种基因成分占1/4或1/8，然后横交固定。导入杂交应注意问题：在选择引入品种方面，原有品种需要改进的缺点正是引进品种突出的优点，其他品质方面最好力求相同，增加其同质性。再者要注意饲养管理条件的改善和杂种间交、横交个体的选样，加强选种选配。导入杂交在良种黄牛向肉用方向发展时考虑采用。

（2）级进杂交。又称吸收杂交或改造杂交。这种杂交方法是以引入品种为主、原有品种为辅的一种改良性杂交。当原有品种需要做较大改造或生产方向根本改变时使用。它的具体方法是：杂种后代公的不参加育种，母的反复与引入品种杂交，使引入品钟基因成分不断增加，原有品种基因成分逐渐减少、级进杂交应当注意的问题：①引入品种的选择，除了考虑生产性能高，能满足畜牧业发展需要外，还要特别注意其对当地气候、饲养管理条件的适应性，因为随着级进代数的提高，外来品种基因成分不断增加，适应性的问题会越来越突出。②级进到几代好，没有固定模式，总的说要克服代数越高越好的想法，事实上只要体型外貌、生产性能基本接近用来改造的品种就可以固定了。③级进杂交中，要注意饲养管理条件的改善和选种选配的加强。

（3）育成杂交。其目的在于重新育成新的品种。当无适合需要的品种，引入品种又不能代替时，可以考虑综合两个或多个品种的性状加以系统选育，培育适合国民经济需要的新品种。许多牛的品种都是通过杂交育种育成的。育成杂交是一个较长的过程，一般分3个阶段。

①杂交阶段制订方案，选择品种，采用杂交方法，综合其优良性状或产生新的性状，从杂交个体中选择理想类型。

②横交阶段当理想类型有一定数量、牛群有相当基础时，可考虑在理想类型的杂种后代间实行横交，使基因逐步纯合，性状逐步稳定。

③纯化阶段进一步整顿牛群，扩大数量，确定品种核心群，并可扩大分布，还可建立品系，丰富和完善品种结构。申报有关部门正式定名为新培育品种。

五、肉牛的繁殖生理

（一）肉牛的生殖器官和生理功能

1. 公牛生殖器官及其功能

公牛的生殖器官由睾丸、输精管道、副性腺、交配器官和阴囊等组成（图3-13）。

（1）睾丸。是产生精子和雄性激素的场所，位于阴囊内，左右各一。种公牛的睾丸要求大小正常，有弹性。

（2）输精管道。包括附睾、输精管和尿生殖道。

①附睾。位于睾丸的后面，可分为附睾头、附睾体和附睾尾三部分。附睾是储存精子和促进精子成熟的器官。

②输精管。输梢管具有运送和排泄精子的功能。

③尿生殖道。尿生殖道是尿液和精子排出的管道，分为骨盆部和阴茎部。

（3）副性腺。包括精囊腺、前列腺和尿道球腺。凡是幼龄去势的公牛，所有副性腺都不能正常发育。

①精囊腺。成对，位于膀胱颈背侧的生殖褶中，在输精管壶腹的外侧，贴于直肠腹侧面，输出管开口于尿生殖道骨盆部的精阜上。

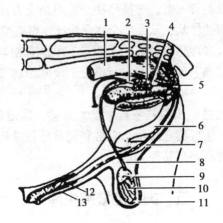

图 3 – 13　公牛生殖器官示意图

1. 直肠　2. 输精管壶腹　3. 精囊腺　4. 前列
腺　5. 尿道球腺　6. 阴茎　7. 乙状弯曲
8. 输精管　9. 附睾头　10. 睾丸　11. 附睾尾
12. 阴茎游离端　13. 内包皮鞘

②前列腺。成对，由前列腺体和扩散部构成。

③尿道球腺。成对，位于尿生殖道骨盆部后端的背外侧。每个腺体发出一条导管，开口于尿生殖骨盆部末端背侧的半月状黏膜褶内。

（4）交配器官。包括阴茎和包皮。阴茎为牛的交配器官，具有交配和排尿功能。包皮具有容纳和保护阴茎头的作用。

（5）阴囊。位于两股之间，呈袋状的皮肤囊。

2. 母牛的生殖器官及生殖功能

母牛的生殖器官包括性腺（卵巢）、生殖道（输卵管、子宫、阴道）、外生殖器官（尿生殖前庭、阴唇、阴蒂）。母牛的生殖器官如图 3 – 14。

（1）卵巢。卵巢是卵泡发育和排卵的场所，左右侧各一个。

（2）输卵管。是承受并运送卵子、精子获能、卵子受精以及

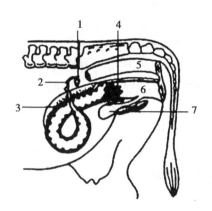

图 3 – 14　母牛的生殖器官示意图

1. 卵巢　2. 输卵管　3. 子宫角　4. 子宫颈

5. 直肠　6. 阴道

卵裂的场所。位于每侧卵巢和子宫角之间的一条弯曲管道。

（3）子宫。子宫是胚胎发育和胎儿娩出的器官。

（4）阴道。是交配器官和分娩的产道，也是交配后的精子储库。位于骨盆腔内，前接子宫，后接尿生殖前庭。

（5）外生殖器。外生殖器官是交配器官和产道，也是排尿必经之路。包括尿生殖前庭和阴门。

①尿生殖前庭。前接阴道，后连阴门。阴道与前庭之间以尿道口为界。

②阴门。又称外阴。是尿生殖前庭的外口，也是泌尿和生殖系统与外界相通的天然孔。以短的会阴部与肛门隔开。阴门由左、右阴唇构成，在背侧和腹侧互相相连。在腹侧连合之内，有一小而凸出的阴蒂。

（二）肉牛性机能的发育

（1）初情期。初情期指的是公牛初次出现性行为和能够射出精子的时期，母牛第 1 次发情和排卵的时期。牛的初情期一般在 6～12 月龄。

（2）性成熟。性成熟指的是公牛生殖器官和生殖机能发育趋于完善，达到能够产生具有受精能力的精子，并有完全的性行为的时期。母牛则有完整的发情表现，可排出能受精的卵子，形成了有规律的发情周期，具备了繁殖能力，叫做性成熟。牛的性成熟期在 12～14 月龄。

（3）初配适龄。性成熟的母牛虽然已经具有了繁殖后代的能力，但母牛的机体发育并未成熟，全身各器官系统尚处于幼稚状态，此时尚不能参加配种，承担繁殖后代的任务。

只有当母牛生长发育基本完成时，其机体具有了成年牛的结构和形态，达到体成熟时才能参加配种。通常育成母牛的初次输精（配种）适龄为 1.5～2 岁，或达到成年母牛体重的 70% 为宜（300～400 千克）。

（三）母牛发情规律与发情鉴定

（1）发情的概念。母牛发育到一定年龄，开始出现发情。发情是未孕母牛所表现的一种周期性变化。发情时，卵巢上的卵泡迅速发育，它所产生的雌激素作用于生殖道使之产生一系列变化，为受精提供条件；雌激素还能使母畜产地性欲和性兴奋，主动接近公牛，接受公牛或其他母牛爬跨，把这种生理状态称为发情。

（2）发情周期。母牛到了初情期后，生殖器官及整个有机体便发生一系列周期性的变化，这种变化周而复始，一直到性机能停止活动的年龄为止。这种周期性的性活动，称为发情周期。母牛的发情周期平均为 21 天（18～24 天）。

（3）排卵时间。成熟的卵泡突出卵巢表面破裂，卵母细胞和卵泡液及部分卵丘细胞一起排出，称为排卵。正确的估计排卵时间是保证适时输精的前提。在正常营养水平下，76% 左右的母牛在发情开始后21～35小时或发情结束后10～12小时排卵。

（4）产后发情的出现时间。母牛产后第1次发情距分娩的时间平均为63天，肉牛为40～104天，黄牛为58～83天，水牛为42～147天。

（5）发情季节。牛是常年、多周期发情动物，正常情况下，可以常年发情、配种。但由于营养和气候因素，我国北方地区，在冬季母牛很少发情。大部分母牛只是在牧草丰盛季节（6～9月），膘情恢复后，集中出现发情。

（6）发情鉴定。发情鉴定的目的是找出发情母牛，确定最适宜的配种时间，防止误配、漏配，提高受胎率。母牛发情鉴定的方法主要有外部观察法、阴道检查法和直肠检查法。

①外部观察法。主要是根据母牛的精种状态、外阴部变化及阴户内流出的黏液性状来判断是否发情。

发情母牛站立不安，大声鸣叫，弓腰举尾，频繁排尿，相互舔嗅后躯和外阴部，食欲下降，反刍减少。发情母牛阴唇稍肿大、湿润、黏液流出量逐渐增多。发情早期黏液透明、不呈牵丝状。由于多数母牛在夜间发情，因此在接近天黑和天刚亮时观察母牛阴户流出的黏液情况，判断母牛发情的准确率很高。在运动场最易观察到母牛的发情表现，如母牛抬头远望、东游四走、嗅其他牛、后边也有牛跟随，这是刚刚发情。发情盛期时，母牛稳定站立并接受公牛的爬跨，而不接受母牛爬跨。不是发情母牛，应注意区别。发情盛期过后，发情母牛逃避爬跨，但追随的公牛又舍不得离开，此时进入发情末期。在生产中应建立配种记录和发情预报制度，对预计要发情的母牛加强观察，每天观察2～3次。

②阴道检查法。主要根据母牛生殖道的变化，来判断母牛发情与否。这种方法一般需要专业人员判断才比较准确。

③直肠检查法。根据母牛卵巢上卵泡的大小、质地、厚薄等来综合判断母牛是否发情。需专业人员进行检查。

④试情法。利用切断输精管的或切除阴茎的公牛作为试情公牛，将试情公牛胸前涂以颜色或安装带有颜料的标记装置，放在母牛群中，凡经爬跨过的发情母牛，都可在尾部留下标记。

六、人工授精

（一）人工授精的意义

人工授精是用器械人工采集公牛的精液，经检查并稀释处理后，再用输精器将精液输入母牛的生殖道内，以代替公母牛自然交配的一种配种方法。母牛人工授精可明显提高优良种公牛的配种效率，扩大与配母牛的头数；加速育种工作进程和繁殖改良速度，促进高产、高效、优质养牛业的发展；减少种公牛饲养头数，降低饲养管理费用；有利于扩大公牛配种地区范围和提高母牛的配种受胎率。通过人工授精还能及时发现繁殖疾病，可以采取相应措施及时进行治疗。人工授精技术已成为养牛业的现代科学繁殖技术，并已在全国范围内广泛应用，对提高养牛业的繁殖速度和生产效率起到重大的促进作用。

（二）人工采精

1. 冷冻精液的存放与运输

牛的冷冻精液存放于添加液氮的液氮罐内保存和运输。液氮罐是根据液氮的性质和低温物理学原理设计的，类似暖水瓶，是双层金属壁结构，高真空绝热的容器，内充有液氮。液氮比空气轻，温度为 -196℃，无色无味，易流动，可阻燃，易气化，在室温下出现爆沸现象，与空气中的水分接触形成白雾，迅速膨胀。液氮罐要放置在干燥、避光、通风的室内，不能倾斜，更不能倒伏，要精心管理，随时检查，严防碰撞摔坏容器的事故发生。

将符合标准的冷冻精液，分别包装、妥善管理并做好标记，置入具有超低温的液氮内长期保存备用。

冷冻精液取放时动作要迅速，每次控制在 5～10 秒，应及时盖好容器塞，以防液氮蒸发或异物进入。冷冻精液的运输应有专人负责，采用充满液氮的容器来运输，其容器外围应包上保护外套，装卸时要小心轻拿轻放，装在车上要安放平稳并拴牢。运输过程中不要强烈震动，防止暴晒。长途运输中要及时补充液氮，以免损坏容器和影响精液质量。

精液在保存过程中，要密切注意液氮的消耗量，一般在液氮容量减少到容器的 60%～70% 时就应补充。为减少液氮消耗，不要随便开启液氮罐。取用精液时要迅速准确，提出筒和纱袋的程度不能超过颈口基部，以免温度变化影响贮存质量。实验表明，用液氮保存 25 年以上的冻精，活力和受胎率未发现有明显下降。

2. 冷冻精液的解冻

（1）颗粒冻精的解冻。将 1 毫升解冻液（2.9% 的柠檬酸钠溶液或经过消毒的鲜牛奶、脱脂奶）置入试管中，在 35～40℃ 水浴中加温，从液氮中迅速取出 1 粒冻精，立即投入试管中，充分摇动，使之快速融化。将解冻精液吸入输精器中待用。然后检查精液解冻后的活力，活力在 0.3 以上者方可用来输精。解冻的精液应注意保温，避免阳光直射，需要尽快使用，不可久置。一般要求在 1 小时内输精。

（2）细管精液的解冻。把水浴控制在 35～40℃，从液氮罐中迅速取出细管精液，立即投入水浴中使之快速解冻，剪去细管封口，装入输精枪中待用。

（3）精液的质量标准。冷冻精液的精子活力不低于 0.3。颗粒精液的输精量为 1 毫升。细管精液有两种规格，一种是 0.5 毫升，另一种是 0.25 毫升，有效精子数为 1 000 万个以上。只要按照技术规程保存和解冻精液，一般能够达到输精对精液质量的要求。

(三) 母牛的输精

适时而准确地把一定量的优质精液输到发情母牛生殖道的适当部位，对提高母牛受胎率极为重要。

1. 输精前的准备

输精前应做好母牛的准备，母牛一般是在颈枷牛床或输精架内输精。母牛保定后，将其尾巴拉向一侧。输精前对母牛的阴门、会阴部要用温水清洗、消毒并擦净。同时做好输精器材和精液的准备，输精器应经过消毒，每一输精管只能用于一头母牛。在输精前必须进行精液活力检查，符合输精标准才能应用。

2. 输精方法

牛的输精目前常用的方法是直肠把握输精法，也叫深部输精法。此方法的优点是用具简单、操作安全，输精部位较用阴道开张器法输精深些，所以受胎率高。直肠把握输精操作前，应按母牛发情直肠检查法，检查母牛内生殖器官的一般情况，只有处于适宜输精期的母牛才能进行输精。输精操作时，将子宫颈后端轻轻固定在手内，手臂往下按压使阴门开张，另一只手把输精器自阴门向斜上方插入 5～10 厘米，以避开尿道口，再改为平插或向斜下方插，把输精器送到子宫颈口，再徐徐越过子宫颈管中的皱襞轮，将输精器送至子宫颈深部 2/3～3/4 处，然后注入精液，抽出输精器 (图 3－15)。

3. 注意事项

(1) 必须严肃认真对待，切实将精液输到子宫颈内。目前生产中存在的主要问题是由于输精技术掌握不好，没有把精液真正输到指定的部位，因此严重影响受胎率的提高，尤其在推行冷冻精液输精过程中更是如此。

(2) 个别牛努责厉害、弓腰，应由保定人员用手压迫腰椎，术者握住子宫颈向前方推，使阴道弛缓，同时，停止努责后再

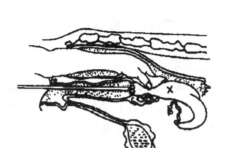

图 3 – 15 直肠把握输精法及输精位置（标×处）

插入。

（3）输精器进入阴道后，当往前送受到阻滞时，在直肠内的手应把子宫颈稍往前推，将阴道拉直，切不可强行插入，以免造成阴道破损。

（4）输精器达子宫颈口后，向前推进有困难时，可能是由于子宫颈黏膜皱襞阻挡、子宫颈开张不好、有炎症、子宫颈破伤结疤所造成。遇到这种情况，应弄清原因移动角度，并进行必要的耐心按摩，切忌用力硬插。

（5）进入直肠的手臂与输精器应保持平行，不然人体胸部容易碰上注射器内栓，造成精液中途流失。

（6）使用球式输精器输精时，不得在原处松开捏扁的橡皮球，而应退出阴道外才松开，否则会引起精液回收，影响输精量。

（7）如母牛过敏、骚动，可有节奏地抽动肠内的左手，或轻搔肠壁以分散母牛对阴部的注意力。

（8）插入输精器时要小心谨慎，不可用力过猛，以防穿破子宫颈或子宫壁。为防折断输精器，需轻持输精器随牛移动，如已折断，需迅速取出断端。

（9）遇子宫下垂时，可用手握住子宫颈，慢慢向上提拉，输精管就容易插入。

（10）母牛摆动较剧烈时，应把输精管放松，手应随母牛的摆动而摆动，以免输精管断裂和损伤生殖道。

4. 输精量与有效精子数

母牛的输精量和输入的有效精子数，依所用精液的类型不同而异。颗粒冷冻精液输精量为 1 毫升，有效精子数在 1 200 万以上；细管冷冻精液输精量为 0.25 毫升和 0.5 毫升，有效精子数在 1 000 万以上。

5. 输精时间和次数

输精时间主要根据母牛发情的表现、流出黏液的性质和直肠检查卵泡发育的状况来确定配种时间。一般认为，发情母牛接受其他牛爬跨而站立不动后 8～12 小时输精效果较好。输精次数要视当时输精母牛发情状态而定，如果对母牛的发情、排卵掌握正确，则输精一次即可。输精次数分为 2 次，上午发现母牛发情，下午输精 1 次，次日上午再输 1 次；下午或夜间发现发情，次日上午和下午各输精 1 次。两次输精时间间隔 8～10 小时为宜。

七、妊娠与分娩

（一）妊娠期母牛的生理变化

母牛妊娠后，其内分泌、生殖系统以及行为等方面会发生明显的变化，以保持母体和胎儿之间的生理平衡，维持正常的妊娠过程。

1. 内分泌变化

整个妊娠期，孕酮是占主导地位的激素。由于孕酮的作用，垂体分泌促性腺激素的机能逐渐下降，从而抑制了牛的发情。在妊娠期，较大的卵泡和胎盘也能分泌少量的雌激素，但维持在最低水平。分娩前雌激素分泌增加，到妊娠 9 个月时分泌明显增加。

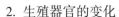

2. 生殖器官的变化

妊娠期间，随着胎儿的增长，子宫的容积和重量不断增加，子宫壁变薄，子宫腺体增长、弯曲，子宫括约肌收缩、紧张，子宫颈分泌的化学物质发生变化，分泌的黏液稠度增加，形成子宫颈栓，便子宫颈口呈封闭状态，而具有防止外物侵入子宫伤害胎儿的功能。同时，子宫韧带中平滑肌纤维及结缔组织亦增生变厚。由于子宫重量增加，子宫下垂，子宫韧带伸长。子宫动脉变粗，血流量增加。此外，阴道黏膜变成苍白，黏膜上覆盖有从子宫颈分泌出来的浓稠黏液。阴唇收缩，阴门紧闭，直到临分娩前因水肿而变得柔软。

3. 牛体的变化

初次妊娠的青年母牛，除了胎儿发育引起母体变化外，其本身在妊娠期仍能正常生长；经产母牛妊娠后，主要表现为新陈代谢旺盛，食欲增加，消化能力提高，所以母牛的营养状况改善，体重增加，毛色光润。妊娠母牛血液循环系统加强，脉搏、血流量增加，尤其供给子宫的血液量明显增加。

（二）妊娠期和预产期的推算

1. 母牛的妊娠期

母牛的妊娠期是从最后一次发情的配种日期起直到胎儿出生为止的天数。母牛的妊娠期有较稳定的遗传性，但妊娠期的长短，与品种、年龄、胎儿性别以及环境因素有关。母牛的妊娠期一般为 275～285 天，平均为 280 天。不同品种牛的妊娠期见表 3－3。

表 3－3 不同品种牛的妊娠期（单位：天）

品种	平均妊娠期及范围	品种	平均妊娠期及范围
利木赞牛	292～295	婆罗门牛	285
夏洛来牛	283～292	秦川牛	275～294

（续表）

品种	平均妊娠期及范围	品种	平均妊娠期及范围
海福特牛	282～286	南阳牛	250～308
西门塔尔牛	256～308	晋南牛	287～291
安格斯牛	273～282	鲁西牛	270～310
短角牛	281～284	蒙古牛	284～285

2. 预产期推算

母牛妊娠后，为了饲养管理好不同妊娠阶段的母牛，编制产犊计划，合理安排生产，做好分娩前的各项准备工作，必须推算出母牛的预产期。常用的方法是公式推算法，如按 280 天的妊娠期计算，可采用配种月份减 3，配种日期加 6，即为预产期。

例如，某母牛 2003 年 6 月 4 日配种，则预产期为：

预产月份 = 6 - 3 = 3

预产日期 = 4 + 6 = 10

因此，该头母牛的预产期为 2004 年 3 月 10 日。

当母牛配种月份小于 3 时，预产月份的计算方法是，配种月份加 12 再减 3；当配种日期加 6 大于当月天数时，则将该月的天数减去，余数就是下个月的预产日期。

例如，某母牛 2004 年 1 月 28 日配种，则预产期为：

预产月份 = （1 + 12）- 3 = 10

预产日期 = （28 + 6）- 31 = 3

因此，该头母牛预产日期为 2004 年 11 月 3 日。

（三）母牛妊娠诊断

为了尽早地判断母牛的妊娠情况，应做好妊娠诊断工作，以做到防止母牛空怀、未孕牛及时配种和加强对受孕母牛的饲养管理。妊娠诊断的方法包括以下几种。

1. 外部观察法

输精的母牛如果20天、40天两个情期不返情，就可以初步认为已妊娠。另外，母牛妊娠后还表现为性情安静，食欲增加，膘情好转，被毛光亮。妊娠5~6个月以后，母牛腹围增大，右下腹部尤为明显，有时可见胎动。但这种观察都在妊娠中后期，不能做到早期妊娠诊断。

2. 阴道检查法

一是阴道黏膜检查：妊娠20天后，黏膜苍白，向阴道插入开腔器时感到有阻力。二是阴道黏液检查：妊娠后，黏液量少而黏稠，混浊，不透明，呈灰白色。三是子宫颈外口检查：用开腔器打开阴道后，可以看到子宫颈外口紧缩，并有糊状黏块堵塞颈口，称为子宫栓。

3. 直肠检查

这是目前早期妊娠诊断的主要手段。检查的顺序依次为子宫颈、子宫体、子宫角、卵巢、子宫中动脉。

母牛妊娠1个月时，两侧子宫大小不一。孕侧子宫角稍有增粗，质地松软，稍有波动，用手握住孕角，轻轻滑动时可感到有胎囊。未孕侧子宫角收缩反应明显，有弹性。孕侧卵巢有较大的黄体突出于表面，卵巢体积增加。

母牛妊娠2个月时，孕角大小为空角的1~2倍，犹如长茄子状，触诊时感到波动明显，角间沟变得宽平，子宫向腹腔下垂，但可摸到整个子宫。

母牛妊娠3个月时，孕侧卵巢较大，有黄体；孕角明显增粗（周径11~12厘米），波动明显，角间沟消失，子宫开始沉向腹腔，有时可摸到胎儿。

（四）分娩与助产

母牛经过一定时间的妊娠后，胎儿发育成熟，母体和胎儿之间的关系，由于各种因素的作用面失去平衡，导致母牛将胎儿及附属膜排出体外，这一生理过程称为分娩。母牛分娩时的准备、助产和产后的护理，对保证母牛的正常分娩、健康及以后的繁殖力，对牛犊的成活和健康等极为重要。如果忽视护理，又没有必要的助产措施和严格的消毒卫生制度，就会造成母牛难产、生殖系统疾病、产后长期不孕或牛犊死亡，严重者造成母牛死亡或终生丧失繁殖能力。

1. 分娩预兆

随着胎儿的发育成熟，到分娩前，母牛在生理上会发生一系列的变化，以适应排出胎儿和哺乳的需要，根据这些变化可以估计分娩时间。

（1）乳房膨大。妊娠后期，母牛的乳房发育加快，特别是初产母牛更为明显。到分娩前半个月左右，乳房迅速膨大，腺体充实，乳头膨胀。特别到分娩前 2～3 天，乳房体发红、肿胀，乳头皮肤绷紧，近临产时有些母牛从乳房向前到腹、胸下部还可出现浮肿，用手可挤出少量黏稠、淡黄色的初乳，有些牛甚至还有褐乳现象。

（2）外阴部肿胀。母牛分娩前 1 周外阴部开始松软、肿胀，阴唇皱褶消失，阴道黏膜潮红，黏液增多而湿润，阴门由于水肿而呈现裂开。

（3）子宫颈变化。子宫颈扩张、松弛、肿胀，颈口逐渐开张，颈内黏液变稀并流入阴道，阴道变得松软；堵在子宫颈口的子宫颈栓溶化而成透明黏液，并在分娩前 1～2 天由阴门流出。当子宫颈扩张 2～3 小时后，母牛便开始分娩。

（4）骨盆韧带松弛。分娩前 1～2 天荐坐韧带松弛，荐骨活动范围增大，外观可见尾根两侧下陷，经产牛表现得更加明显。

（5）尻部两侧凹下、塌陷特别是经产母牛表现更为明显，可在产前 1～2 周开始出现，分娩前 1～2 天程度更甚。

（6）行为变化。分娩前母牛表现活动困难，起卧不安，尾部不时高举，常回首腹部，食欲减退或消失，频频排粪、排尿，但量很少。

当母牛出现上述征状后，说明母牛临产。应安排专人值班，做好安全接产和助产的准备。

2. 分娩过程

正常的分娩过程一般可分为开口期、产出期和胎衣排出期3个阶段。

（1）开口期。开口期即从子宫开始间歇性收缩起，到子宫颈口完全开张，与阴道的界限完全消失为止。这时，牛的子宫不受意识支配地进行间歇性收缩。母牛表现不安，来回走动，摇动，蹴踢腹部，起卧不安。这一时期的特点是只有阵缩而不出现努责。牛的开口期平均为 6～12 小时。

随着子宫收缩，胎儿和胎膜向松弛的子宫颈移动，使子宫扩张。开始阵痛时比较微弱，时间短，间歇长。随着分娩过程的发展，阵痛加强，间歇时间由长变短，腹部有微努责，使胎儿和尿膜绒毛膜挤入骨盆入口，尿膜绒毛膜破裂，红褐色尿水流出阴门，称为第 1 次破水。从阵缩开始到第 1 次破水需 30～90 分钟。

（2）胎儿产出期。即从子宫颈完全开张起，至胎儿排出为止。这个时期的子宫肌收缩延长，松弛期缩短，弓背努责。努责是排出胎儿的主要动力。母牛表现烦躁，腹痛，呼吸和脉搏加快。牛在努责出现后即自行卧地，经过多次努责，胎儿由阴门露出。在羊膜破裂后，胎儿前肢和唇部开始露出；再经强烈努责后，将胎儿排出。此期 0.5～2 小时，经产牛要比初产牛短。如双胎则在产后 20～120 分钟后排出第 2 个胎儿。

（3）胎衣排出期。即从胎儿排出至胎衣完全排出为止。胎儿排出后，母体安静下来，几分钟后子宫又出现收缩，伴有轻微努责，将胎衣排出，分娩结束。牛的胎衣排出期为 2～8 小时，如超过 10 小时仍未排出，或者未排尽，应按"胎衣不下"处置。

3. 助产

在正常分娩过程中，母牛可以自然地将胎儿排出，不需要过多的帮助。但在初产母牛出现倒生或分娩过程较长的情况下，应进行助产，以缩短产程和保护胎儿成活。

助产前的准备：助产人员应固定专人，并安排有助产经验的人担任。分娩期要加强值班制度，尤其是夜间更为重要。应选择清洁、安静的房舍作为产房。产房在使用前应进行清扫消毒，并铺上干燥、清洁、柔软的垫草。

准备好接产工具如脸盆、肥皂、毛巾、刷子、产科绳、消毒药品、脱脂棉以及镊子、剪刀等。

助产方法：母牛表现分娩现象时，将其外阴部、肛门、尾根及后臀部用温水、肥皂水洗净擦干，再用1%的煤酚皂（来苏尔）溶液消毒外阴部。助产人员手臂应彻底消毒。

当胎膜已经露出而又不能及时产出时，应先检查胎儿的胎向、胎位和胎势是否正常。正常情况可以让其自然分娩；若有异常情况，应及时矫正。

当胎儿前肢和头部展出阴门而羊膜仍未破裂时，可将羊膜撕破，并将胎儿口腔和鼻腔内的黏液擦净，以利胎儿呼吸。

当胎儿头部通过阴门时，要注意保护阴门和会阴部。当阴门和会阴部过分紧张时，应有一人用手护住阴门，防止阴门撑破。

当母牛努责无力时，可用手或产科绳系住胎儿的两前肢，同时用手握住胎儿下颌，随母牛的努责，顺着骨盆产道方向慢慢拉出胎儿。倒生时应在胎儿两后肢伸出后及时拉出胎儿。

4. 产后护理

（1）母牛的护理。分娩母牛消耗体力过大，抗病力降低，消化机能也减弱。为防止生殖器官感染疾病，对母牛的外阴部要注意清洁消毒，褥草要经常更换，保持干净；分娩后给母牛饮温的麸皮盐水，以恢复母牛的体力；分娩后喂给母牛易消化的饲料；让母牛适当运动；注意乳房护理，产后哺乳前用温水清洗乳房。

（2）牛犊的护理。在胎儿全部产出后，首先将鼻腔内的黏液擦净。如果脐带自行扯断，可以将断端用碘酊充分涂擦，如果未断，在脐带搏动停止后，用碘酊涂擦脐带根部，然后用消毒剪刀剪断，在断端涂上碘酊。断脐时断端应留得短些，以免污染或牛犊互相吸吮引起发炎。牛犊身上的黏液可以由母牛舔干或用柔软干草擦干。产后半小时至1个小时让牛犊哺足初乳。保证牛犊舍卫生和通风。

模块四 营养需要与日粮配制

一、肉牛的消化生理特点

(一) 消化道的特点

1. 口腔

牛没有上切齿和犬齿，在采食的时候，依靠上颌的肉质齿床，即牙床和下颌的切齿，与唇及舌的协向动作采食。

2. 胃

牛有4个胃室，即瘤胃、网胃、瓣胃、皱胃，其中，以瘤胃和网胃的容量最大。瘤胃中有着为数庞大的微生物群落，因为牛采食的饲料种类不同，瘤胃内微生物的种类和数量会发生极大的变化，这些微生物消化纤维素，因此，牛能利用粗饲料。微生物的另一个作用是能合成B族维生素和大多数必需氨基酸，微生物能将非蛋白氮化合物，如尿素等转化成蛋白质。

3. 反刍

也叫做倒沫或倒嚼，即已进入瘤胃的粗饲料由瘤胃返回到口腔重新咀嚼的过程。每一口倒沫的食团，咀嚼1分钟左右又咽下，通常牛每天反刍需8个多小时，食入的粗饲料比例越高，反刍的时间越长。

4. 嗳气

在瘤胃细菌的发酵作用下，产生大量的二氧化碳和甲烷，在牛嗳气时可以排出；如果不排出就会引起牛发生膨胀病。正常情况下嗳气是自由地由口腔排出的，小部分是瘤胃吸收后从肺部排出。

（二）消化过程

牛消化道各部位对食入的饲料起着不同的消化作用，这些部位按各自的区段划分为：口腔区、咽和食道区、胃区、胰区、肝区、小肠盲肠结肠区。

1. 口腔区

牛的口腔起采食、咀嚼和吞咽的作用。牛是靠舌、唇和牙齿的协作进行的；将食物撕裂、磨碎、润湿并拌成食团，再由颊部的唾液掺入酶等进行消化的过程称作咀嚼；完成咀嚼的食团由舌推送到口腔唇部，接触到咽部时，在不随意与随意动作反射作用下关闭喉部呼吸道，推入食道。

2. 咽和食道区

咽部是控制空气和食团通道的交汇部，它开口于口腔，后接食道、后鼻孔、耳咽管和喉部。吞咽时软腭上抬，关闭鼻咽孔，盖住喉孔，防止饲料进入呼吸道。食团进入食道，食道的肌肉组织产生蠕动波，形成一个单向性运动，由平滑肌协调地收缩和松弛将食团推到胃的贲门。

3. 胃区

瘤胃体积最大，其表面积很大，有大量的乳状突起对食团进行搅拌和吸收的作用。网胃的内表面呈蜂窝状，食入物暂时逗留于此，微生物在这里充分消化饲料，当其被瘤胃吸收后，牛得到大量能量。当喂精饲料过多时，会产生大量乳酸，使瘤胃 pH 值降低，抑制一些微生物的活动，不利于消化而引起牛停食，形成急性消化病。瘤胃细菌能合成维生素 K 和 B 族维生素，同时维生素 C 可以部分地由瘤胃中得到补益，成年牛不需由饲料来提供。牛犊的维生素 K 和 B 族维生素是从母乳中获得的。

幼犊的瘤胃不发达，缺乏以上的营养来源。幼犊吮奶时，奶汁通过由瘤胃和网胃合壁的临时性食管沟，直接流入皱胃。在皱胃奶汁与凝乳菌接触，被凝固，进而被消化。当牛犊长大时，固体饲料刺激瘤胃发育，才会改变牛犊的消化特点。

瓣胃的生理功能未被全部搞清，已知的是有助于磨碎摄入的饲料和吸收水分。皱胃和单胃动物的胃一样，是唯一的含有消化腺的胃室。

4. 胰区

胰区由胰脏和胰管组成，是消化系统。它分泌两种激素：一种是由内分泌腺分泌的胰岛素和胰高血糖素；另一种是由外分泌腺分泌的胰液，是小肠消化所必需的。

5. 肝区

肝区包括肝脏、胆囊和胆管。当养分由胃和小肠吸收后，经过门静脉，被送到肝脏。

6. 小肠盲肠结肠区

小肠在解剖学上分3段：十二指肠、空肠和回肠。大部分的营养物质在此区吸收。

二、营养需要

肉牛所食入的饲料有被消化吸收的，有被排出体外的，有维持生命基本需要的，也有提供生长或繁殖需要的，因此可划分成以下几种。

（一）维持需要

维持需要是指在维持一定体重的情况下，保持生理功能正常所需的养分。在营养供应上为维持最低限度的能量和修补代谢中损失的组织细胞，保持基本的体温所需的养分。通常情况下肉牛所采食的营养有1/3～1/2用在维持上，维持需要的营养越少越经济。影响维持需要的因素有：运动、气候、应激、卫生环境、个体大小、牛的习性和个性、个体要求、生产管理水平和是否哺乳等。

（二）生长需要

以满足牛体躯骨骼、肌肉、内脏器官及其他部位体积增加所需的养分，为生长需要。在经济上具有重要意义的是肌肉、脂肪和乳房发育所需的养分，这些营养要求随牛的年龄、品种、性别及健康状况而异。

（三）繁殖需要

是指母牛能正常生育所需的营养，包括使母牛不过于消瘦以致奶量不足，被哺育的牛犊体重小而衰弱的营养需求和母牛在最后 1/3 怀孕期增膘，以利产后再孕的营养需求。能量不足时母牛产后体膘恢复慢，发情较少，受孕率降低。蛋白质不足使母牛繁殖能力降低，延迟发情，牛犊初生重减轻。碘不足造成牛犊出生后衰弱或死胎。维生素 A 不足使牛犊畸形、衰弱，甚至死亡。因此，怀孕母牛在后期的营养很重要。对于种公牛来说，好的平衡日粮才能满足培养高繁殖率种牛的需要。

（四）育肥需要

育肥是为了增加牛的肌肉间、皮下和腹腔间脂肪存积所需的养分。增膘是为了提高肉牛业的经营效益，因其能改善肉的风味、柔嫩度、产量等级以及销售等级，具与直接的经济意义。

（五）泌乳需要

泌乳营养是促使妊娠母牛产犊后给牛犊提供足够乳汁的养分。过瘦的母牛常常产后缺奶，这在黄牛繁殖时常出现，是由于不注意妊娠后期母牛营养所致。

三、肉牛生长所需营养成分

（一） 能量

能量是提供牛正常生活活动的需要。

（二） 蛋白质

蛋白质是由各种氨基酸构成的复杂的有机化合物。蛋白质有饲料中所含的粗蛋白质和非蛋白氮。

（三） 矿物质

矿物质为无机元素，但可以以无机或有机的形式存在。因为牛对不同元素的需要量不同，可分为常量元素和微量元素。

1. 常量元素

（1）钙。为骨骼的主要成分。缺钙不能正常生长，而血钙量正常时心跳节律才能正常。缺钙能导致产后母牛昏迷。生长中的牛犊因缺钙会形成佝偻病，但钙过多会引起磷和锌的吸收不足，引起尿石症等病。

（2）磷。是脂肪代谢的必要成分。缺磷也会引起佝偻病，降低繁殖能力。牛的磷钙需要量之比为 1 ： （1 ~ 2）。

（3）镁。缺镁易引起抽搐症，在泌乳阶段尤为重要。镁缺乏则引起血压降低、神经兴奋和四肢抽搐。

（4）钾。主要存在于肌肉和奶中，牛一般不缺钾，因为牧草中很多，但吸收过多会妨碍钙的吸收。

（5）硫。硫是以蛋氨酸和胱氨酸等的形式存在。

2. 微量元素

（1）钴。钴是瘤胃微生物繁育和合成维生素 B_{12} 的必需元素，因此钴的添加是十分必要的。缺钴则牛毛倒立，皮肤脱屑，母牛乏情，流产，食欲不振，消瘦。饲料中含钴低于 0.07 毫克/千克饲料时会出现钴缺乏症。

（2）铜和铁。这 2 种元素共同参与血红蛋白的组成。缺铜易引起腹泻，缺铁易引起贫血。

（3）氟。一般情况氟不缺，但缺乏时影响泌乳。多氟则影响钙磷代谢，使骨质疏松，牙齿松动，产奶母牛往往引发佝偻病，严重时出现肋骨和尾骨软化、肢骨疏松症状。对产犊母牛影响尤为严重，解除氟中毒要多加磷酸钙类添加剂。

（4）碘。缺碘则甲状腺肿大，生长缓慢，皮肤干燥，毛发易脆，妊娠母牛出现流产、死胎和发情异常。喂碘盐是最好的补充方法。

（5）硒。硒是与维生素 E 共同作用于繁殖的元素，缺硒易引起不孕。牛犊缺硒表现为白肌病，缺硒对肥育牛生长也有不利影响。

3. 维生素

维生素是动物体正常生长发育、生产、繁殖和保健所需的微量小分子的复合有机化合物。在春夏季节放牧场草质优良，秋冬季节有优质干草和青贮饲料的条件下，牛一般不缺乏维生素。因为优质牧草中通常含有丰富的维生素 A、维生素 D 和维生素 E；牛瘤胃中的微生物能合成 B 族维生素和维生素 K；在组织中可以合成维生素 C。但是当家畜没有充分的光照或干草晒制时阳光不足，会引起维生素 D 不足。幼犊饲喂代乳品及牛饲喂大量青贮饲料时，必须补给各种维生素。

四、常用饲料原料及营养成分

牛的常用饲料包括干草、育贮饲料、作物秸秆、精饲料、糟粕、农作物块根以及添加剂等。

（一）干草

1. 营养成分

这部分饲料是人工栽培的和野生的青草晒制的最终产物。干草通常含纤维素18%，粗蛋白质10%～21%，比秸秆约高1倍。用豆科牧草晒制的干草，如苜蓿或紫云英，其干物质中的粗蛋白质含量大于20%，而粗纤维含量低于18%，属蛋白质干草饲料，是十分优良的饲料。这种优质干草必须保留叶、嫩枝和花蕾。干草的营养成分因刈割的时期不同而异。

2. 调制

优质干草晒制成功的要素：使草的水分迅速下降到15%以下，以抑制各种霉菌的繁衍，并使各种酶失活，防止干叶脱落。在晒制过程中，一般为早晨6～7时割倒，铺成条状，经3个多小时，在水分降到40%时，细胞濒于死亡，这时要翻1次，使阴面暴露在上面。4～6小时后水分降到20%以下，开始堆垛，即堆成约1米高的小垛。

（二）高产青饲作物

高产青饲作物能突破每亩地常规牧草生产的生物总收获量，使能量和蛋白质产量大幅度增加。目前以饲用玉米、甜高粱、籽粒苋等最有使用价值。

1. 饲用玉米

将玉米在乳蜡熟期青割，取代玉米先收籽粒再全部风干秸秆，其在营养成分产量上表现出巨大的优势。

2. 甜高粱

甜高粱是新育成的品种，可用以酿酒、制砂糖和作青贮饲料。每亩的谷实产量是200～400千克，茎叶产量4 000～7 000千克。

3. 小黑麦

小黑麦适宜于小麦不宜种植的地区，是粮饲兼用作物。此作物无论是制作青贮或者调制干草都十分适宜，是发展畜牧业的一种新的牧草与粮食兼用的品种。小黑麦地上部分生长旺盛，叶片肥厚，占的比重大，小黑麦种子的成分中，除色氨酸低于小麦，亮氨酸低于高粱以外，其余都高于小麦、玉米等籽粒。小黑麦的鲜草产量，在播种较早时，越冬后，每亩产量达 1 667 ~ 4 000 千克，播种较迟时每亩产量可达 3 000 ~ 4 000 千克。

4. 籽粒苋

籽粒苋是当今新开拓的作物品种之一，尤其是蛋白质和赖氨酸的含量很高，有利于发展畜牧业。籽粒苋植株的茎叶营养价值高于一般的青饲料，鲜茎叶每亩产量达 7 500 ~ 10 000 千克。刈割后再生分蘖能力很强。

（三）青贮饲料

青贮及黄贮饲料，是牛饲料中十分重要的组成部分。最常用的是玉米青贮。青贮饲料有以下优点：能最大比例地保留原有作物的营养成分，如牧草青贮一般能保存 85% 以上的养分，而制作干草最好的也只能保存 80% 的养分，一般只能保存 50% ~ 60%。给牛喂青贮玉米比喂玉米谷粒加枯玉米秆的饲养价值至少高 30% ~ 50%。在气候恶劣的情况下能制作优质青贮饲料，但不能晒制干草。储存青贮比保存干草占有的空间少 1/2。青贮饲料的饲喂量一般以干草重量的 4 倍估算，如可将每天喂 5 千克干草改为每天喂 2 千克干草与 12 千克青贮饲料。

（四）谷实饲料

谷实饲料又称精饲料，指消化率比较高、能量较高的饲料。谷实饲料比较贵，但是按每个饲料单位提供的能量，可消化率和其他成分计算时，在价格上比较合算。精饲料在饲用时必须精细加工，一般必须磨碎，整粒饲喂会降低利用率。另外，高精饲料日粮易引起各种各样的消化紊乱，如皱胃变位、酸中毒等；且精饲料含钙很低，大多低于 0.1%，易引起磷钙不平衡，这些在饲养管理中要特别注意。

1. 玉米

是含能量最高的饲料，含丰富的碳水化合物和脂肪，但赖氨酸和色氨酸的含量甚低，蛋白质含量不足。高脂肪含量不仅使玉米成为高能饲料，而且其适口性和饲养品质都有提高。

2. 大麦

在精饲料中大麦是含蛋白质较高的饲料、比玉米含蛋白质量明显要高，是肉畜饲养上产生优质动物肉块和脂肪的原料。生产高档肉品时大麦被认为是最好的精饲料。但目前农村种植较少，主要作制啤酒的原料。

3. 糠麸饲料

糠麸饲料是谷实加工的副产品，是牛营养性饲料中的重要组成部分。这类饲料含蛋白质的成分往往比谷物高，含磷量尤其突出，成为调剂日粮蛋白质和磷元素比例时十分重要的手段。

除小麦麸以外，米糠、玉米皮、大豆皮等都是蛋白质或磷等营养的有效补充物，作为当地资源，是养牛的精饲料配方中常用的组分。

4. 饼粕饲料

饼粕料可以提供一般植物性饲料所不足的氨基酸。除此以外，油料作物籽实可以用来提炼浓缩的蛋白质和能量饲料。

（1）大豆饼。这是最受欢迎的饼粕，蛋白质含量因加工工艺而异，高达 41% ~50%。

（2）棉籽饼。是棉区最重要的蛋白质来源之一，其蛋白质含量高达 36% ~48%。棉酚是一种萘类衍生物，对血液、神经等有损害作用，过量时会中毒。一般每天喂量 1.5 ~4.0 千克，以防中毒。

（3）菜籽饼。这是高蛋白质饲料，其氨基酸成分不亚于大豆饼，但适口性差，含有菜籽饼毒，但牛对此毒的敏感性较低，使用时要限量，每天 1 ~ 2 千克，不会出现中毒症状。

（4）花生饼。这是适口而优质的蛋白质补充料，蛋白质含量为 41% ~ 50%，但蛋氨酸、赖氨酸、色氨酸以及钙、胡萝卜素和维生素的含量均低，且不宜越夏久藏，应使用新鲜的花生饼。

饼粕类饲料，尤其是豆饼，是精饲料中的关键饲料，蛋白质的主导成分。这类饼粕价格较高，牛日粮搭配中蛋白质的供给不要单一地依靠饼粕类饲料，才能降低成本，或者充分利用其他畜禽所不用的或很少用的棉饼类，达到育肥生产的目的，在营养成分上要弥补饼粕类饲料某些维生素不足的缺点。

5. 糟渣料及工业副产品

酒精、啤酒、白酒、淀粉、制糖、酱坊、醋坊、粉丝以及屠宰等行业的副产品，及深加工的羽毛、血粉、皮革粉等都可用作饲料。

（1）酒糟。白酒的酒糟是我国传统产品，近年来啤酒酒糟量增加。这二类副产品是粮食经过发酵的产物，按绝干物含量计算，粗蛋白质 15% ~ 25%，粗脂肪 2% ~ 5%，无氮浸出物 35% ~ 41%，粗灰分 11% ~ 14%，钙 0.3% ~ 0.6%，磷 0.2% ~ 0.7%，而纤维素为 15% ~ 20%，适宜于喂牛。

（2）粉渣。用玉米、甘薯、木薯、小麦等制作淀粉时，一些浆状物经过滤或脱水后是良好的饲料。这类粉渣的加工废液中可能有重金属元素及别的残留物，在饲喂时只作为补充料、不用作主料。

羽毛粉、血粉、鱼粉、草粉等在用于养猪养鸡有富余时也应加以利用。

6. 其他类饲料

这里特指脂肪、鸡粪。

（1）脂肪。植物油脂是人类食品，一般不作牛的饲料，而屠宰厂的废脂肪也常用作工业原料。这些下脚料价格低廉，在牛的饲养中可以提高蛋白质的利用效率。动物脂肪挤压揉碎后与精饲料拌匀，可增加日粮的热能，提高饲料的适口性，因而可极大程度地提高饲养效果。

（2）鸡粪。已被证明可大量用作饲料，其氮素成分高于畜粪。鸡粪可被反刍动物瘤胃中的微生物利用而成为一种蛋白质饲料。鸡粪喂牛在氮素转化上比喂鸡有更高的生物效率，而且更加卫生。在喂牛时可以代替 50% ~55% 的豆饼。

（3）尿素。瘤胃微生物具有将非蛋白氮转化为蛋白质的能力。尿素拌在淀粉类饲料中饲喂，要加 0.5% 的食盐，添加量约占日粮的 1.5% ~2.0% 为宜。在喂尿素时与糖蜜等拌匀饲喂较为理想。但忌与生大豆、生豆粕、苜蓿等的籽实同喂，喂尿素不适当，会引起牛中毒，尤其是瘦牛不宜急于添加尿素，应慢慢增加饲喂量。用尿素时，要常备一些醋或醋酸，用以解毒。

五、饲料加工

（一）青干草

青干草的加工是将牧草、饲料作物、野草和其他可饲用植物，在质、量兼优的适宜刈割期时刈割，经自然干燥或采用人工干燥法，使其脱水，达到能贮藏、不变质的干燥饲草。调制合理的青干草，能较完善地保持青绿饲料的营养成分。

1. 牧草刈割时间

牧草过早刈割，水分多，不易晒干；过晚刈割，营养价值降低。禾本科草类在抽穗期，豆科草类在孕蕾及初花期刈割为好。

2. 青干草的制作方法

青干草的制作方法很多，分自然干燥法和人工干燥法。

（1）自然干燥法。自然干燥法不需要设备，操作简单，但劳动强度大，效率低，晒制的干草质量差，且受天气影响大。为了便于晾晒，在实际生产中还要根据晾晒条件和天气情况适当调整收获期，适当提前或延后刈割，以避开雨季。

①田间晒制法。牧草刈割后，在原地或附近干燥地段摊开暴晒，每隔数小时加以翻晒，待水分降至40%～50%时，用搂草机或手工搂成松散的草垄可集成0.5～1米高的草堆，保持草堆的松散通风，天气晴好可倒堆翻晒，天气恶劣时小草堆外面最好盖上塑料布，以防雨水冲淋。直到水分降到17%以下即可贮藏，如果采用摊晒和捆晒相结合的方法，可以更好的防止叶片、花序和嫩枝的脱落。

②草架干燥法。草架可用树干或木棍搭成，也可以做成组合式三角形草架，架的大小可根据草的产量和场地而定。虽然花费一定的物力，但架上明显加快干燥速度，干草品质好。牧草刈割后在田间干燥半天或一天，使其水分降到40%～50%时，把牧草自下而上逐渐堆放或打成15厘米左右的小捆，草的顶端朝里，并避免与地面接触吸潮，草层厚度不宜超过70～80厘米。上架后的牧草应堆成圆锥形或屋顶形，力求平顺。由于草架中部空虚，空气可以流通加快牧草水分散失，提高牧草的干燥速度，其营养损失比地面干燥减少5%～10%。

③发酵干燥法。由于此法干燥牧草营养物质损失较多，故只在连续阴雨天气的季节采用。将刈割的牧草在地面铺晒，使新鲜牧草凋萎，当水分减少至50%时，再分层堆积高3～6米，逐层压实，表层用塑料膜或土覆盖，使牧草迅速发热。待堆内温度上升到60～70℃，打开草堆，随着发酵产生热量的蒸散，可在短时间内风干或晒干，制得棕色干草，具酸香味，如遇阴雨天无法晾晒，可以堆放1～2个月，类似青贮原理。为防止发酵过度，每层牧草可撒青草重0.5%～1.0%的食盐。

（2）人工干燥法。

①塑料大棚干燥法。近年来，有些地区把刈割后的牧草，经初步晾晒后移动到改造的塑料大棚里干燥，效果很好。具体做法是把大棚下部的塑料薄膜卷起30～50厘米，把晾晒后含水量在

40% ~50%的牧草放到棚内的架子或地面上，利用大棚的采光增温效果使空气变热，从而达到干燥牧草的目的。这种方式受天气影响小，能够避免雨淋，养分损失少。

②常温鼓风干燥法。为了保存营养价值高的叶片、花序、嫩枝，减少干燥后期阳光暴晒对维生素等的破坏，把刈割后的牧草在田间就地晒干至水分到40% ~50%时，再放置于设有通风道的干草棚内，用鼓风机、电风扇等吹风装置，进行常温吹风干燥。采用此方法调制干草时只要不受雨淋、渗水等危害，就能获得品质优良的青干草。

③低温干燥法。此法采用加热的空气，将青草水分烘干，干燥温度如为50 ~70℃，需5 ~6小时，如为120 ~150℃，经5 ~30分钟完成干燥。未经切短的青草置于浅箱或传送带上，送入干燥室（炉）干燥。所用热源多为固体燃料，浅箱式干燥机每日生产干草2 000 ~3 000千克，传送带式干燥机每小时生产量200 ~1 000千克。

④高温快速干燥法。利用液体或煤气加热的高温气流，可将切碎成2 ~3厘米长的青草在数分钟甚至数秒钟内可使牧草含水量从80% ~90%降到10% ~12%。此法多用于工厂化生产草粉、草块。虽然有的烘干机内热空气温度可达到1 100℃，但牧草的温度一般不超过30 ~35℃，青草中的养分可以保存90% ~95%，消化率，特别是蛋白质消化率并不降低。鲜草在含有可蒸发水分的条件下，草温不会上升到危及消化率的程度，只有当已干的草继续处在高温下，才可能发生消化率降低和产品碳化的现象。

（3）调制干草过程减少损失的方法。干草调制过程的翻草、搂草、打捆、搬运等生产环节的损失不可低估，而其中最主要的恰恰是富含营养物质的叶损失最多，减少生产过程中的物理损失是调制优质干草的重要措施。

①减少晾晒损失。要尽量控制翻草次数，含水量高时适当多翻，含水量低时可以少翻。晾晒初期一般每天翻2次，半干草可

少翻或不翻。翻草宜在早晚湿度相对较大时进行，避免在一天中的高温时段翻动。

②减少搂草打捆损失。搂草打捆最好同步进行，以减少损失。目前，多采取人工第一次打捆方式，把干草从草地运到贮存地、加工厂，再行打捆、粉碎或包装。为了作业方便，第一次打捆以 15 千克左右为宜，搂成的草堆应以此为标准，避免草堆过大，重新分捆造成落叶损失。搂草和打捆也要避开高温、干燥时段，应在早晚进行。

③减少运输损失。为了减少在运输过程中落叶损失，特别是豆科青干牧草，一定要打捆后搬运；打捆后可套纸袋或透气的编织袋，减少叶片遗失。

（二）青贮饲料

1. 青贮制作原理

青贮是在厌氧环境中，让乳酸菌大量繁殖，从而将饲料中的淀粉和可溶性糖变成乳酸，当乳酸积累到一定浓度后，便抑制霉菌和腐败菌的生长，pH 值降到 4 以下时可以把青饲料中的养分长时间地保存下来。保证青贮饲料制作成功，必须满足如下条件。

（1）无氧程度。在青贮发酵的第一阶段，窖内的氧气越多，植物原料呼吸时间就越长，不仅消耗大量糖，还会导致窖中温度升高。青贮窖适宜温度为 20℃，最高不超过 37℃，温度越高，营养物质损失越大，若温度上升到 38～49℃就会导致饲料变质，营养物质损失近 20%～40%。若窖内氧气多，还会使好气性细菌很快繁殖，使青贮料腐败、降低品质。有氧环境不利于乳酸菌增殖及乳酸生成，影响青贮质量。所以青贮原料一定要铡短（利于压实，减小原料间隙），入窖时层层踩实、压紧，造成无氧环境。

（2）含糖量。青贮原料要有一定的含糖量，一般不应低于 1%～15%，这样才能保证乳酸菌活动。含糖多的玉米秸和禾本科青草易于青贮，若用含糖量不足的原料青贮时（如苜蓿等豆科草）应与含糖高的青贮原料混合青贮或加含糖高的青贮添加剂。

（3）原料含水量。为造成无氧环境要把原料压实，而水分含量过低（低于60%），不容易压实，所以青贮料一般要求适宜的含水量为65%～70%，最低不少于55%。含水量也不可过高，否则使青贮料腐烂，因为压挤结成黏块易引起酪酸发酵。

2. 青贮技术要点

（1）排除空气。乳酸菌是厌氧菌，只有在没有空气的条件下才能繁殖。因此在清贮的过程中原料切的越短，踩得越实，密封的越严越好。

（2）创造适宜的温度。原料温度在25～35℃，乳酸菌会大量繁殖，很快占主导优势，致使其他一切杂菌无法活动，反之若原料温度在50℃以上时丁酸菌就会生长繁殖，致使青贮料出现臭味，以致腐败。因此要尽量踩实排除空气，并缩短铡草装料过程。

（3）掌握好水分。适宜于乳酸菌繁殖的含水量为70%左右，过干不易踩时，温度易升高；过湿酸度大牲畜不爱吃。70%的含水量，相当于玉米植株下边有3～5片干叶，如全株青绿砍后可晾半天；青黄叶比例各半，只要设法踏实，不加水分同样可获成功。

（4）选择合适的原料。乳酸菌发酵需要一定的糖分。青贮原料中含糖量不宜少于1.0%～1.5%，否则影响乳酸菌的正常繁殖，并且青贮饲料的品质也难以保证。对于含糖少的原料可以和含糖多的原料混合青贮，也可添加3%～5%的玉米面或麦麸单独青贮。

（5）确定适宜时间。利用农作物秸秆青贮，要掌握好时机。过早会影响粮食生产，过迟会影响青贮品质。玉米秸秆的收贮时间，一看籽实的成熟程度，乳熟早，枯熟迟，蜡熟正适时；二看青黄叶比例，黄叶差，青叶好，各占一半就嫌老。

3. 青贮场地和青贮容器

（1）青贮场地的选择。应选在地势高燥、排水容易、地下水位低、取用方便的地方。

（2）青贮容器的选择。青贮容器种类很多，有青贮塔、青贮壕（大型养殖场多采用）、青贮窖（有长窖、圆窖）、水泥池（地下、半地下）、青贮袋以及青贮窖袋等。农户采用圆形窖和窖袋这两种青贮容器为好。

（3）青贮容器的处理。圆形青贮窖一般为深 3 米，上径为 2 米，下径 1.5 米，窖面刨光，暴晒两日后方可起用，或按塑料袋大小，挖一略小于袋的圆形窖，刨光壁面，晒干后备用。

（三）青贮料的装填

（1）收运。将收获籽实后砍倒的玉米秆及时运到青贮窖房，收运的时间越短越好，这样既可保持原料中较多养分，又能防止水分过多流失。

（2）切装。将窖房玉米秸切碎 2 ~ 3 厘米长，在窖底先铺一层 20 厘米厚的干麦草，把切碎的玉米秸装入窖内，边切、边装、边踏实。特别是窖的周边，更应注意踏实，直到装的高出窖面 20 ~ 30 厘米为止。

（3）封窖。窖装满后，上面覆盖一层塑料布，布上盖 30 多厘米厚的土层，密封。窖周挖好排水沟。

（4）开窖。青贮饲料在封窖 40 ~ 60 天后即可开容饲喂，开容时间以气温较低而又在缺草季节较为适宜，做到以丰补歉。从青贮设施中开始启用青贮饲料时，应尽量避开高温和高寒季节。

（四）秸秆饲料

秸秆类饲料是属于粗饲料的一部分，这类饲草是指农作物在籽实成熟后，脱粒后的作物茎秆和附着的干叶，它们统称为秸秆。这类饲料的营养价值很低，用其作为主要粗饲料来饲养肉牛。

秸秆资源在我国非常丰富，每年可达5亿多吨，只要对它们进行合理的加工处理，便可成为肉牛良好的粗饲料来源。要科学地利用秸秆来饲喂肉牛，就必须对秸秆进行科学的加工处理，提高其营养价值，改善适口性。秸秆的常见加工处理方法有以下几种。

1. 切碎与粉碎

这是生产中最常用的方法，俗话说："小草铡三刀，无料也上膘"，将农作物秸秆用铡草机或粉碎机处理后，一般采食可提高20% ~ 30%。秸秆的切碎与粉碎程度视家畜种类与年龄而异，如果过长则作用个大，过细也不利于肉牛瘤胃的消化与反刍，导致瘤胃pH值下降，影响瘤胃功能。一般长10 ~ 30毫米即可。秸秆过分粉碎，不仅不能提高消化率，反而会降低消化率。秸秆切碎和粉碎处理后，瘤胃内挥发性脂肪酸的生成速度和丙酸比例有所增加，有利于肉牛肥育效果的提高。

2. 软化处理

将切碎的秸秆与定量的水或食盐水拌匀，混合，堆放数小时，将秸秆浸湿软化，然后喂牛，也是一种简单的物理处理方法。经浸湿后的秸秆，质地柔软，能提高其适口性，提高采食速度、采食量和消化率。在生产中，一般先将秸秆粉碎后，扑水堆放2 ~ 6小时，然后拌入精料饲喂肉牛。

3. 颗粒化

是用专用的粗饲料颗粒机，将粉碎后的草粉，和一定量的黏合剂混匀后，制成肉牛用颗粒。制成的颗粒大小适中，利于咀嚼，改善了适口性，从而诱使肉牛提高采食量和生产性能。如将化学处理后的秸秆粉碎制成颗粒料，效果会更好。肉牛用颗粒料直径一般为6 ~ 10毫米为宜。

4. 热喷和膨化

热喷和膨化处理秸秆原理一致，都是利用高温、高压，使秸秆木质素溶化，纤维素分子撕裂、降解，然后迅速降压，产生内摩擦力，使纤维细胞撕裂，胞壁疏松，从而改变了粗纤维的整体结构和化学链分子结构。试验数据表明，这两种方法对提高秸秆类饲用价值有显著效果，但是在目前条件下，由于设备投资较高，尚难在生产实践中大面积的推广应用。

5. 揉搓处理

揉搓秸秆技术与加工机械是近几年研究成功的以一种秸秆物理处理的新方法与加工机械。它采用的是介于铡切与粉碎两种机械加工方式之间的一种新型加工方式。它是通过揉搓机的强大动力将秸秆加工成细丝絮状物，这种细丝絮状物质地柔软，完全破坏了其节的结构，并被切成 8～10 厘米长的碎段，适口性好，吃净率高。增大了秸秆与牛瘤胃微生物的接触面积，提高了利用率，其采食率内原来的 50% 可提高到 95% 以上。

揉碎机是一种仅仅靠机械加工即可大大提高秸秆利用率的设备，对于营养价值较高的玉米秸尤为合适。由于它的加工细度大，所以消耗动力也大，能耗比相同生产率的铡草机高出 1～2 倍。

六、日粮配合

（一）肉牛的饲养标准

肉牛的饲养标准是在肉牛营养需要量的基础上加了 10% 左右的安全系数，也可以叫推荐量或推荐标准。我国的肉牛的饲养标准是根据我国的生产条件，在中立温度、舍饲和无应激的环境下制定的，营养指标包括干物质、综合净能、肉牛能量单位、粗蛋白、钙和磷。在实际应用中应根据肉牛的品种和环境条件以及当地的饲料特点，灵活使用标准。

（二）饲料配合技术

肉牛全价配合饲料简称配合饲料，是根据肉牛不同生理阶段（生长、妊娠、哺乳、空怀、配种、育肥）和不同生产水平对各种营养成分的需要量，把多种饲料原料和添加成分按照规定的加工工艺配制成均匀一致、营养价值完全的饲料产品。简单地说肉牛配合饲料就是把干草、青贮饲料和各种精料以及矿物质、维生素等，按营养需要搭配均匀，加工成适口性好的散碎料、块料或饼料。

1. 肉牛饲料的分类

肉牛饲料按物理形状分为散碎料、颗粒饲料、块饲料、饼料、液体饲料等。按其营养构成分为全价配合饲料、精料混合料、浓缩饲料和添加剂预混料。

（1）全价配合饲料（全饲粮配合饲料）。肉牛的全价配合饲料和单胃动物的全价配合饲料区别在于肉牛的全价配合饲料包括很大一部分粗饲料，由粗饲料（秸秆、干草、青贮等）、精饲料（能量饲料、蛋白质饲料）、矿物质饲料以及各种饲料添加剂组成。将粗饲料粉碎，用营养完善、价格便宜的配方加工调制即成全配合饲料，可直接喂肉牛。全价配合饲料的主要优点为：第一，营养全面，饲养效果好。促进肉牛生长、育肥，节省饲料，降低成本。第二，出于配合饲料采用先进的技术与工艺，加上良好的设备、科学化的饲料配方、质量管理标化，使配合饲料便于工业化生产，机械化操作，节省劳力，大大提高劳动生产率。适合于肉牛场机械化饲养。第三，可以经济合理地利用饲料资源，也可较多地利用粗饲料。全价配合饲料采用自由采食的饲喂方法，可增加牛对于物质的采食量。

（2）精料补充料（精料混合料）。精料补充料是反刍动物特有的饲料，肉牛全价配合饲料去除粗饲料部分，剩余的部分主要由能量饲料、蛋白质饲料、矿物质饲料和添加剂预混料组成，使用时，应另喂粗饲料。在养牛生产中应用较为普遍。但由于各地肉牛粗饲料品种、质量等相差很大，不同季节使用的粗饲料也不同，因此精饲料补充料应根据粗饲料的变化，来调整配方。

（3）浓缩饲料（亦称平衡用配合饲料）。是指蛋白质饲料、矿物质饲料（钙、磷和食盐）和添加剂预混料按一定比例配制而成的均匀混合物。饲喂时按标定含量配一定比例的能量饲料（主要是玉米、麸皮）。

（4）添加剂预混料。由一种或多种营养性添加剂和非营养性添加剂，并以某种载体或稀释剂按一定比例配制而成的均匀混合物。它是一种不完全饲料，不能单独直接喂肉牛。

2. 肉牛日粮配合的原则

肉牛的日粮是指肉牛一昼夜所采食的各种饲料的总量，其中包括精饲料、粗饲料和青绿多汁饲料等。对肉牛日粮进行合迎配方的目的是要在生产实际中获得最佳生产性能和最高利润，应具备科学性、实用性和经济性，因此肉牛的日粮配合应遵循以下原则。

（1）适宜的饲养标准。根据肉牛不同的生理阶段，选择适宜的饲养标准，另外我国肉牛的饲养标准是根据我国的生产条件，在中立温度、舍饲和无应激的环境下制定的，所以在实际生产中应根据实际饲养情况做必要的调整。

（2）本着经济性的原则选择饲料原料。充分利用当地饲料资源，因地制宜，就地取材，充分利用当地农副产品，可以降低饲养成本。

（3）饲料种类应多样化。根据牛的消化生理特点，合理选择多种原料进行合理搭配，并注意适口性。所选的饲料应新鲜、无污染，对畜产品质量无影响。

（4）适当的精粗比例。日粮中粗饲料比例一般在40%～60%。

（5）日粮应有一定体积的干物质含量。所用的日粮数量要使牛吃得下、吃得饱并且能满足营养需要。

（6）正确使用饲料强加剂。根据牛的消化生理特点，抗生素添加剂会对成年牛的瘤胃微生物造成损害，应避免使用。添加氰基酸、脂肪等添加剂，应注意保护，以免遭受瘤胃微生物的破坏。

模块五　饲养管理

一、后备母牛的饲养管理

后备母牛包括牛犊、育成牛和妊娠青年母牛。

（一）牛犊的饲养管理

牛犊是指由出生到6月龄的牛，它经历了由靠母乳生存到靠采食植物性饲料为主的生存、由反刍前到反刍的巨大生理转变阶段。牛犊处于器官系统的发育时期，可塑性大，良好的培养条件可为其将来的高生产性能打下基础，如果饲养管理不当，可造成生长发育受阻，影响终生的生产性能。

1. 初生牛犊的护理

（1）清除口腔和鼻孔内的黏液。牛犊自母体产出后应立即清除其口腔及鼻孔内的黏液，以免妨碍牛犊的正常呼吸和将黏液吸入气管及肺内。如牛犊产出时已将黏液吸入而造成呼吸困难时，可两人合作，握住两后肢，倒提牛犊，拍打其背部，使黏液排出。

（2）断脐。在清除牛犊口腔及鼻孔黏液以后，如其脐带尚未自然扯断，应进行人工断脐。方法是在距离牛犊腹部8~10厘米处，两手卡紧脐带，往复揉搓2~3分钟，然后在揉搓处的远端用消毒过的剪刀将脐带剪断，挤出脐带中黏液，并将脐带的残部放入5%碘酊中浸泡1~2分钟。

（3）擦干被毛。断脐后，应尽快擦干牛犊身上的被毛，以免牛犊受凉。也可让母牛自己舔干牛犊身上的被毛，其优点是刺激牛犊呼吸，加强血液循环，促进母牛子宫收缩，及早排出胎衣。

（4）喂初乳。初乳是母牛产犊后 3～5 天所分泌的乳，与常奶相比初乳有许多突出的特点，因此，对新生牛犊具有特殊意义。牛犊应在出生后 1 小时内吃到初乳，而且越早越好。初乳所含的各类抗体，能在特定环境下为牛犊提供抵抗各种疾病的免疫力，而初乳中抗体的类别取决于母牛所接触过的致病微生物或疫苗。

（5）特殊情况的处理。牛犊出生后如其母亲死亡或母牛患乳房炎，使牛犊无法吃到其母亲的初乳，可用其他产犊时间基本相同健康母牛的初乳。如果没有产犊时间基本相同的母牛，也可用奶粉代替。

2. 牛犊饲养

牛犊饲养中最主要的问题是哺育方法和断奶。采用什么样的方法对牛犊进行哺育、何时断奶、怎样断奶是牛犊饲养的核心。

（1）牛犊的哺育方法。牛犊出生后的 4～5 天饲喂初乳，初乳期后饲喂常奶，常奶的哺育一般有两种方法：自然哺乳和人工哺乳。

初乳期为 4～7 天，饲喂初乳，日喂量为体重的 8%～10%，每天喂 3 次。初乳期过后，转为常奶饲喂，日喂量为牛犊体重的 10% 左右，每天喂 2 次。目前，大多哺乳期为 2 个月左右，哺乳量约 300 千克。比较先进的奶牛场，哺乳期 45～60 天，哺乳量为 200～250 千克，并注意定时、定温、定量。初乳期过后开始训练牛犊采食固体饲料，根据采食情况逐渐降低牛犊喂奶量，当牛犊精饲料的采食量达到 1～1.5 千克时即可断奶。

牛犊的喂奶方法：奶温应在 38～40℃，并定时、定量，喂奶速度一定要慢，每次喂奶时间应在 1 分钟以上，以避免喂奶过快而造成部分乳汁流入瘤网胃，引起消化不良。

（2）独栏圈养。牛犊出生后应及时放入保育栏内，每牛一栏隔离管理，15 日龄出产房后转入牛犊舍、牛犊栏中集中管理。牛犊栏应定期洗刷消毒，勤换垫料，保持干燥，空气清新，阳光充足，并注意保温。

（3）植物性饲料的饲喂。牛犊生后 1 周即可训练采食干草，生后 10 天左右训练采食精饲料。训练牛犊采食精饲料时，可用大麦、豆饼等精料磨成细粉，并加入少量鱼粉、骨粉和食盐拌匀。每天 15～25 克，用开水冲成糊粥，混入牛奶中饮喂或抹在牛犊口腔处，教其采食。少喂多餐，做到卫生、新鲜，喂量应逐渐增加，至 1 月龄时每天可采食 1 千克左右甚至更多。刚开始训练牛犊吃干草时，可在牛犊栏的草架上添加一些柔软优质的干草让牛犊自由舔食，为了让牛犊尽快习惯采食干草，也可在干草上洒些食盐水。喂量应逐渐增加，但在牛犊没能采食混合精饲料以前，干草喂量应适当控制，以免影响混合精饲料的采食。青贮饲料由于酸度大，过早饲喂将影响瘤胃微生物区系的正常建立。同时，青贮饲料蛋白质含量低，水分含量较高，过早饲喂也会影响牛犊营养的摄入。所以，牛犊一般从 4 月龄开始训练采食青贮饲料，但在 1 岁以内青贮料的喂量不能超过日粮干物质的 1/3。

（4）早期断奶。传统乳用牛犊培育的哺乳期为 180 天。鲜奶用量多，牛犊培育成本高，虽在哺乳期牛犊日增重较高，但消化系统得不到锻炼，瘤胃发育晚且慢，对其以后的生产性能并无益处。

牛犊开食料是根据牛犊消化道及其酶类的发育规律所配制的，能够满足牛犊营养需要，适用于牛犊早期断奶所使用的一种特殊饲料，其特点是营养全价，易消化，适口性好。为专用于牛犊断奶前后使用的混合精饲料。

采食料富含维生素及微量元素、矿物质等。此外，采食料一般也含有抗生素如新霉素，驱虫药如拉沙里菌素、莫能菌素以及益生菌等。可在采食料中加入 5% 左右的糖蜜，以改善适口性。供给充足清洁、新鲜的饮水，饮水对牛犊开食料的采食量影响很大，当牛犊饮水不足或不给牛犊饮水时，开食料的采食量不及 1/3，日增重减少 41%。当牛犊连续 3 天采食 1.0～1.5 千克开食料时即可断奶。在此之前要适当控制干草的喂量，以免影响开食料的采食量，但要保证日粮中所含的中性洗涤纤维不低于25%。

早期断奶方法：牛犊从4~7日龄开始调教采食开食料和干草，常用的方法有：①在开食料中掺入糖蜜或其他适口性好的饲料。②可将开食料拌湿涂抹其嘴，或置少量在奶桶底，当牛犊舔食奶桶底部时，即可食入。③少喂勤添，以保持饲料新鲜。④限制牛犊喂奶量，每天喂奶量以不超过其体重10%为限。

缩短哺乳期，减少哺乳量的牛犊，虽然头3个月体重增长较慢，但只要精心饲养，在断奶前调整好采食精饲料的能力，并在断奶后注意精料和青粗饲料的数量和品质，牛犊早期受阻的体重在后期可得到补偿，不影响后备牛的配种月龄、繁殖以及投产后的产奶性能。

3. 牛犊的管理

（1）编号、称重、记录 牛犊出生后应称出生重，对牛犊进行编号，对其毛色花片、外貌特征（有条件时可对牛犊进行拍照）、出生日期、谱系等情况作详细记录，以便于管理和以后在育种工作中使用。

（2）卫生 喂奶用具（如奶壶和奶桶）每次用后都要严格进行清洗消毒。饲料要少喂勤添，保证饲料新鲜、卫生。每次喂奶完毕，用干净毛巾将牛犊嘴缘的残留乳汁擦干净，并继续在颈枷上挟住约15分钟后再放开。以防止牛犊之间相互吮吸，造成舐癖。牛犊舍应保持清洁、干燥、空气流通。舍内二氧化碳、氨气聚积过多，会使牛犊肺小叶黏膜受刺激，引发呼吸道疾病。同时湿冷、冬季贼风、淋雨、营养不良亦是诱发呼吸道疾病的重要因素。

（3）健康观察。观察的内容包括：观察每头牛犊的被毛和眼神，每天2次观察牛犊的食欲以及粪便情况，检查有无体内、外寄生虫，注意是否有咳嗽或气喘，留意牛犊体温变化，检查于草、水、盐以及添加剂的供应情况。发现病犊应及时进行隔离，并要求每天观察 4 次以上。

（4）单栏露天培育。为了提高牛犊成活率，干燥、卫生，勤换垫草。牛犊在室外牛犊栏内饲养 60 ~ 120 天，断奶后即可转入育成牛舍。采用单栏露天培育，牛犊成活率高，增重快，还可促进其到育成期时提早发情。

（5）饮水从一周龄开始，可用加有适量牛奶的 35 ~ 37℃ 温开水诱其饮水，10 ~ 15 日龄后可直接喂饮常温开水。1 个月后由于采食植物性饲料量增加，饮水量越来越多，这时可在运动场内设置饮水池，任其自由饮用，但水温不宜低于 15℃，冬季应喂给 30℃ 左右的温水。

（6）刷拭。牛犊在舍内饲养，皮肤易被粪及尘土所黏附而形成皮垢，为此，每天应给牛犊刷拭 1 ~ 2 次。最好用毛刷刷拭，对皮肤软组织部位的粪尘结块，可先用水浸润，待软化后再用铁刷除去。

（7）运动。牛犊正处在长体格的时期，加强运动对增进体质和健康十分有利。产后 8 ~ 10 日龄的牛犊即可在运动场作短时间运动（0.5 ~ 1 小时），以后逐渐延长运动时间，至 1 月龄后可增至 2 ~ 3 小时。

（8）去角。为了便于成年后的管理，减少牛体相互受到伤害。牛犊在 4 ~ 10 日龄应去角。先剪去角基周围的被毛，在角基周围涂上一圈凡士林，然后手持苛性钠棒（一端用纸包裹）在角根上轻轻地擦磨，直至皮肤发滑及有微量血丝渗出为止。约 15 天后该处便结痂不再长角。利用苛性钠去角，原料来源容易，易于操作，但在操作时要防止操作者被烧伤。此外，还要防止苛性钠流到牛犊眼睛和面部。

（9）剪除副乳头。乳房上有副乳头对清洗乳房不利，也是发生乳腺炎的原因之一。牛犊在哺乳期内应剪除其副乳头，适宜的时间是 2 ~ 6 周龄。剪除方法是先将乳房周围部位洗净和消毒，将副乳头轻轻拉向下方，用锐利的剪刀从乳房基部将其剪下，剪除后在伤口上涂以少量消炎药。如果在有蚊蝇季节，可涂以驱蝇剂。剪除副乳头时，切勿剪错，如果乳头过小，一时还辨认不清，可等到母犊年龄较大时再剪除。

（10）预防疾病。牛犊期是牛发病率较高的时期；尤其是在生后的头几周，主要原因是牛犊抵抗力较差。此时期的主要疾病是肺炎和下痢。肺炎最直接的致病因素是环境温度的骤变，预防的办法是做好保温工作。

（二）育成牛和妊娠青年母牛的饲养管理

1. 断奶至 6 月龄牛犊的饲养

在具有良好的饲料条件和精细规范的饲养管理下，一般牛犊在 6 ~ 8 周龄，每天采食相当于其体重 1% 的牛犊生长料即可进行断奶，但对于体格较小或体弱的牛犊应适当延期断奶。牛犊断奶后继续饲喂断奶前的生长料，质量保持不变。当牛犊每天能采食 1.5 ~ 1.8 千克牛犊生长料时（为 3 ~ 4 月龄），可改为育成牛料。一般牛犊断奶后有 1 ~ 2 周日增重较低，且毛色缺乏光泽、消瘦、腹部明显下垂，甚至有些牛犊行动迟缓，不活泼，这是牛犊的前胃机能和微生物区系正在建立、尚未发育完善的缘故。随着牛犊料采食量的增加，上述现象很快就会消失，牛犊日增重可达 650 克以上。

牛犊断奶后进行小群饲养，将年龄和体重相近的牛分为一群，每群 10 ~ 15 头。此期也是牛犊消化器官发育速度最快的阶段。因此，要考虑瘤胃容积的发育，保证日粮中所含的中性洗涤纤维不低于 30%，饲养上还要酌情供给优质牧草或禾本科与豆科混合干草。同时，日粮中应含有足够的精饲料，一方面满足牛犊的能量需要，另一方面也为牛犊提供瘤胃上皮组织发育所需的乙酸和丁酸。并且日粮要求含有较高比例的蛋白质，长时间蛋白质不足，将导致后备牛体格矮小，生产性能降低。日粮一般可按优质干草 1.8 ~ 2.2 千克，混合精饲料 1.4 ~ 1.8 千克进行配制。此

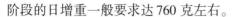

阶段的日增重一般要求达 760 克左右。

2. 7～15 月龄育成牛的饲养

7～15 月龄这段时期的饲养主要目的是通过合理的饲养使其按时达到理想的体型、体重标准和性成熟，按时配种受胎，并为其一生的高产打下良好基础。

此期育成牛的瘤胃机能已相当完善，可让育成牛自由采食优质粗饲料如牧草、干草、青贮饲料等，整株玉米青贮由于含有较高能量，要限量饲喂，以防过量采食导致肥胖。精饲料一般根据粗饲料的质量进行酌情补充，若为优质粗饲料，精饲料的喂量仅需 0.5～1.5 千克即可，如果粗饲料质量一般，精饲料的喂量则需 1.5～2.5 千克，并根据粗饲料质量确定精饲料的蛋白质和能量含量，使育成牛的平均日增重达 700～800 克，14～16 月龄体重达 360～380 千克进行配种。

由于此阶段育成牛生长迅速，抵抗力强，发病率低，容易管理，在生产实践中，有些生产单位往往疏忽这个时期育成牛的饲养，导致育成牛生长发育受阻，体躯狭浅，四肢细高，延迟发情和配种，导致成年时泌乳遗传潜力得不到充分发挥，给生产造成巨大的经济损失。

3. 配种至产犊青年母牛的饲养

育成牛配种后一般仍可按配种前日粮进行饲养。当育成牛怀孕至分娩前 3 个月，由于胚胎的迅速发育以及育成牛自身的生长，需要额外增加 0.5～1.0 千克的精饲料。如果在这一阶段营养不足，将影响育成牛的体格以及胚胎的发育。但营养过于丰富，将导致过肥，引起难产、产后综合征等。

在产前 20～30 天，要求将妊娠青年牛移至一个清洁、干燥的环境饲养，以防疾病和乳腺炎。此阶段可以用逐渐增加精饲料喂量，以适应产后高精饲料的日粮。但食盐和矿物质的喂量应进行控制，以防乳房水肿，并注意在产前两周降低日粮含钙量，以防产后瘫痪。有条件时可饲喂围产期日粮，玉米青贮和苜蓿也要限量饲喂。

4. 断奶至产犊阶段的管理

（1）称重。育成母牛的性成熟与体重关系极大，一般育成牛体重达到成年母牛体重的40%~50%时进入性成熟期，体重达成年母牛体重的60%~70%时可进行配种。当育成牛生长缓慢时（日增重不足350克），性成熟会延迟至18~20月龄，影响投产时间，造成不必要的经济损失。

（2）测量体高和体况评分。在某一年龄段体重指标是用于评价后备母牛生长的最常见方法。然而，这一指标不应作为唯一的标准，因为体重侧重于反映后备牛器官、肌肉和脂肪组织的生长，而体高却反映了后备牛骨架的生长，因此，只有当体重测量和体高、体长相配合时，才能较好地评价后备母牛的生长发育。

在怀孕期间饲喂高能量日粮以促进青年母牛快速生长是比较理想的，因为这一措施保证了胎儿的营养良好，以及产第一胎时青年母牛发育充分。但是，要注意防止肥胖。过于肥胖的青年母牛容易难产，而且产后代谢紊乱发病率高，体况评分是帮助调整怀孕母牛饲喂水平的一个理想指标。

（3）育成母牛的管理母牛达16月龄，体重达350~380千克时进行配种。一般南方为360千克，北方为380千克。此期育成牛采食大量粗饲料，必须供应充足的饮水，同时此期育成牛生长较快，应注意牛体的刷拭，及时去除皮垢，促进生长，经调教可使牛性情温驯，易于管理。育成母牛蹄质软，生长快，易磨损，应从10月龄开始于每年春、秋两季各修蹄1次。

保证母牛每天有一定时间的户外运动，促进牛的发育和保持健康的体型，为提高其利用年限打下良好基础。对于舍饲培育的育成牛，除暴雨、烈日、狂风、严寒天气外，可将育成牛终日散放在运动场。场内设有饲槽和饮水池，供牛自由采食青粗饲料和饮水。

（4）青年母牛的管理。加大运动量，以防止难产，防止驱赶运动，防止牛跑、跳、相互顶撞和在湿滑的路面行走，以免造成机械性流产。防止母牛采食发霉变质饲料及饮冰冻的水，避免长时间雨淋，加强母牛的刷拭，培养其温驯的习性。

从妊娠第五至第六个月开始到分娩前 15 天为止，每日用温水清洗并按摩乳房 1 次，每次 3~5 分钟，以促进乳腺发育，并为以后挤奶打下良好基础。计算好预产期，产前两周转入产房。

二、泌乳母牛的饲养管理

青年母牛自第一次产犊之后即进入泌乳母牛（生产上称为成年母牛）阶段，此后母牛将进入"泌乳—干奶—产犊—泌乳"的周期性循环，理想的情况下每年一个周期，直至因年老体弱或疾病而丧失生产能力。良好的泌乳母牛的饲养管理方案，应以发挥母牛的生产潜力和延长利用年限为目标。

（一）一般饲养管理技术

1. 合理地组织和使用各种饲料

泌乳母牛可以利用的饲料种类很多，通常分为粗饲料、精料补充料、青绿多汁饲料和辅料。泌乳母牛的日粮除了需要考虑营养的全价和平衡外，还必须注意组成的多样性、良好的适口性和充足的粗纤维。

（1）多样性。日粮组成的多样性，可以发挥不同类型饲料在营养特性上的互补作用，提高日粮的适口性。同时，对每种饲料的每天食入量有一定的限制，以避免因某种单一饲料采食过多造成消化、代谢疾病。多样化的饲料更容易配合成全价的日粮。一般建议泌乳母牛的日粮应由 2 种以上粗饲料（干草、青贮、秸秆等）、2~3 种多汁饲料（块根、块茎和辅料）和 4~5 种或更多的精饲料组成。即便是同一类的饲料，使用不同的原料，对于提高泌乳母牛的生产性能也可能是有益的。

（2）适口性。日粮具有良好的适口性，可以刺激牛的采食，食入的干物质多。而通过饲料的配合、调制和调节饲喂方式，使牛的采食量达到最大值，对于处于任何一个生产阶段的泌乳母牛都是重要的。泌乳母牛饲养方案的合理与否决定于两个方面，一是日粮的营养是否平衡，二是能否达到最大采食量。

（3）合适的粗纤维水平。日粮粗纤维水平过高或过低均不利于泌乳母牛的生产。粗纤维水平过高，导致日粮营养浓度偏低，母牛不能摄入足够的饲料营养物质；粗纤维水平过低，则造成母牛咀嚼、反刍、唾液分泌的减少，瘤胃呈酸性环境，导致消化代谢疾病的增加、酸中毒、乳脂率和乳中干物质含量降低。日粮的粗纤维水平可用酸性洗涤纤维（ADF）和中性洗涤纤维（NDF）的含量来衡量。泌乳母牛日粮干物质中的 ADF 含量不应低于 19% ~21%，NDF 含量不低于 26% ~28%。

高产母牛日粮中需要有较多的精料补充料，以满足泌乳的营养需要。因此，高产母牛日粮的粗纤维水平，有可能低于其消化生理特点所容许的水平。解决这一问题的关键措施，是提高粗饲料的质量。实现泌乳母牛的高产稳产，日粮中约 50% 的粗蛋白质和泌乳净能应由粗饲料提供，80% ~90% 的 NDF 应来自粗饲料。

没有优质的粗饲料，显然不能做到既满足上述要求，又满足泌乳母牛的健康需要。粗饲料质量较差时，用精料补充料代替粗饲料，尽管从营养上可以设计出满足泌乳母牛的日粮要求，但实际饲养效果远不如用优质粗饲料。

当粗饲料的质量且较差时，就不可能做到既使母牛高产，又能将瘤胃酸中毒、采食量下降、代谢病、低乳脂率综合征等限制在正常水平。

为了提高粗饲料的质量，一方面要大力发展牧草种植业，提高优质牧草的供应能力；另一方面，应采取饲养管理措施，在一定程度上弥补优质粗饲料的不足。为此，可以采取以下措施。①提高精料补充料饲喂量的同时，增加饲喂次数用质量较差的粗饲料饲喂高产奶牛，不可避免地要增加精料补充料的饲喂量。为了减轻过量饲喂精料补充料带来的不良影响，可将每天的精料补充料分多次饲喂，每次的饲喂虽以3.2～3.6千克为宜。②增加高纤维含量加工副产品的饲喂量。这类加工副产品包括：玉米种皮、大豆荚、玉米芯、棉籽皮、粗小麦粉、甜菜渣等，其纤维的含量较高，且具有较高的能量。用这类饲料配合日粮时，日粮干物质的ADF含量不应低于19%～21%，NDF不应低于26%～27%，而65%～75%的NDF来自粗饲料。单一加工副产品的日饲喂量一般不超过4.5千克。③提高青贮玉米的质量。玉米在我国农区的种植面积很大，去穗玉米青贮在北方农区是奶牛的主要粗饲料。单产水平高的奶牛场可考虑制作全株亡米青贮。青贮的饲喂量可占到粗饲料饲喂量的2/3～3/4。④日粮中添加脂肪。添加脂肪可以提高混合精料的能量浓度，从而增加日粮中粗饲料的比例。可根据乳脂的产量确定日粮的脂肪含量，即日粮中的脂肪含量等于乳脂的产量。

2. 分组饲养

将泌乳母牛分组饲养，可以根据不同组别的具体情况，采取针对性的饲养管理措施，发挥奶牛的生产潜力。分组方法视牛群情况而定，可以根据产奶量、年龄（胎次）、泌乳期、所处生殖阶段进行分组。这4种分组方法各有利弊，以根据产奶量分组应用较多，其优点是可以根据产奶的需要，分别制定不同组别的饲养方案，从而能够较好地满足奶牛的营养需要，提高饲料的利用效率。按产奶量分组时，可以采取1/4分组法，即将牛群中产奶量最高的1/4的母牛分为一组，次之的1/4的母牛分为第二组，以此类推。无论何种分组方法，干奶牛均应单独分组饲养。

3. 合理的饲喂技术

合理的饲喂技术有助于提高采食量。各种饲料的饲喂次序是先粗后精、先干后湿。即先喂粗饲料后喂精料补充料，先喂干料后喂湿料。更换饲料要逐渐进行，一般需要2周左右的过渡期，在过渡期间逐渐增加所要更换饲料的喂量。除此之外，以下几点有助于提高采食量。

（1）精料补充料可分次饲喂但最好能让母牛随时采食到粗饲料。有人建议，泌乳母牛每天不能接触到饲料的最长时间是 6～8 时，超过这一限度，牛的干物质采食量降低。

（2）增加精料补充料的饲喂次数。将每天的精料补充料少量多次喂给，可以使瘤胃的发酵更加稳定，有利于提高粗饲料的采食量。同时，少量多次饲喂也有利于保持精料补充料的新鲜和适口性。缺点是增加了饲养管理的工作量。

（3）饲槽科学管理。每头牛有充足的饲槽位置。饲槽位置不足时，牛的采食量下降，尤其是初产母牛受到的影响较大。有条件时，可以将初产母牛单独饲喂。有研究表明，单独饲喂的初产母牛每天采食的时间增加 10%～15%，产奶量提高 5%～10%。添加新的饲料之前，应将饲槽内原有的饲料清除干净。饲槽的位置不宜过高以方便牛的采食。运动场上的饲槽要有遮阳棚，饲槽附近最好设喷雾装置用于夏季降温。

（4）合适的日粮水分含量。日粮的水分含量应低于 50%。过高的水分含量降低牛的干物质采食量。

（5）科学的饲料管理饲料要清洁，尽量减少粉尘的混入。尤其要注意避免铁丝、铁钉、塑料制品等异物的混入。避免用发霉的饲料喂牛。

4. 夏季的防暑降温

母牛的适宜温度范围是 9～17℃，一旦气温高于 26℃，即出现采食量下降现象，影响产奶量。气温高于 32℃产奶量下降 10%～20%或更多；气温达到 38℃，湿度为 20%时，母牛出现呼吸、脉搏加快、体温上升、喘息症状，需要采取降温措施以缓解热应激；气温 38℃，湿度 80%可能导致奶牛死亡。夏季防暑降温对于获得全年的高产很重要，采取的措施包括以下几方面。

（1）遮阳和通风。母牛通过出汗蒸发散热的能力大约只有人的 10%，因此，对高温更加敏感。夏季要有遮阳措施，牛舍、运动场安装通风设备，加快空气的流动，以促进牛体的散热。

（2）充足的清凉饮水。夏季要保证母牛随时可以喝到清凉的饮水。水温以不高于 16℃ 为宜。应避免饮水长期存放、晒热，可用自动饮水器或使水槽内的水不断流动、更新。即使非高温季节，保证充足的饮水在泌乳母牛的管理中也很重要。泌乳母牛的需水量很大，泌乳母牛的饮水量减少 40%，干物质采食量可减少 20%。

（3）喷淋。在运动场内设置喷淋装置，高温季节定时给牛喷水淋浴以降温。喷淋处的地面最好硬化，以避免牛趴卧在泥泞的地面上。喷淋装置要间歇开启，每次开启的持续时间以无水珠沿乳头滴下为宜。注意喷出的水雾不能落到饲料上，以防饲料因含水量过高而发霉变质。

（4）调整日粮。夏季应提高日粮营养浓度，多喂优质粗饲料，在精料补充料中可以考虑添加脂肪和蛋白质；提高日粮中钾、钠、镁的含量，补充因出汗造成的损失。钾的含量增加到日粮干物质的 1.3%～1.5%，钠增加到 0.5%，镁增加到 0.3%。

（5）调整饲喂方式增加饲喂次数，将饲喂时间安排在气温较低的时间，60%～70% 的日粮放到晚时至早 8 时喂给。

（6）充足的运动。运动量不足导致泌乳母牛隐性发情、卵巢囊肿、持久黄体等疾病的发病率升高，缩短利用年限。每天要保证 2～3 小时的自由运动或驱赶运动。为此，运动场要有足够的面积，并且地面平整，适于牛的运动。母牛缺少运动场地时，可每天牵引牛到户外运动。在母牛饲养较为集中的地方，建设奶牛养殖"小区"，既可以解决奶牛缺乏运动场地的问题，也有利于牛的防疫、粗饲料加工、饲养管理技术的推广和原料奶质量的提高。

（7）挤奶技术。良好的挤奶技术不仅对于获得奶牛的高产极为重要，也是预防乳房炎的关键环节。应制定一套科学的挤奶操作规程，并严格执行。

（8）保持泌乳母牛良好的体况。在泌乳母牛生产周期的不同阶段进行体况评分，能够及时发现饲养管理中存在的问题，并及时加以调整。泌乳期母牛体量的变化泌乳早期产奶量的升高和奶牛采食量不足导致的能量负平衡使泌乳尽牛的体重下降。体重下降最快的时间一般在产后的 2 ~ 4 周，产奶 60 天左右一般即能恢复能量的平衡，并可采食部分饲料用于增重。泌乳前期体重的下降和后期体重的恢复，使泌乳母牛出现周期性的体重变化。理想的情况下，牛群中大约 80% 的母牛产犊后的前 30 ~ 40 天体况评分下降 0.5 ~ 0.75。产奶 50 天后，母牛可以采食多余的饲料营养物质用于恢复体重，每周增重 1.8 ~ 2.3 千克。对于成年母牛，每 1 分体况大约相当于 55 千克体重，需要 5 个多月的时间可以恢复原有的体况评分。青年母牛仍处在生长阶段，每 1 分体况大约相当于 73 千克体重。泌乳的前 2 ~ 3 周体况评分下降超过 1 分，应检查在饲养上存在的问题。产犊时过肥的牛（体况评分 4 ~ 5），产后泌乳高峰和采食高峰的间距拉长，导致产后能量负平衡的时间较长。体脂肪的多少似可影响采食量，产犊时肥胖的母牛在体重下降至正常之前不能达到最大干物质采食量。

（9）保持泌乳母牛良好体况的主要措施。①使母牛始终保持良好的食欲，能够达到最大的干物质采食量。②根据产奶量和体况的变化，及时调整日粮的能量浓度以及粗蛋白质和过瘤胃蛋白质水平。保证日粮量中有适量的高纤维饲料，避免因粗纤维不足引起的采食量下降或采食量的长时间波动。③经常检查常量矿物元素（钙、磷、镁、钾等）是否满足需要。

5. 泌乳母牛的体况评分

体况评分即评定母牛的膘情。经常评定母牛的体况对于及时发现牛群可能出现的健康问题很重要，尤其是高产牛群，更应定期进行体况评分，并对奶牛的日粮做出及时的调整。体况良好的牛不仅产奶量高，而且不容易患代谢病、乳房炎和其他疾病。体况较瘦的牛抗病力较差，而过肥的牛容易发生难产、脂肪肝综合征甚至死亡。体况较肥的育成牛受胎率低，乳房发育迟缓，影响终生产奶量。奶牛体况评分一般在产犊后 1 个月内、泌乳中期和泌乳末期各评定 1 次。如要检验干奶期饲养管理的效果，还应在产犊时进行体况评定。育成牛应至少在 6 月龄、配种前和产犊前两个月各评定 1 次。6 月龄体况评定的目的是避免牛只生长过快或过慢，两种情况均影响乳腺的发育；配种前体况评定是为了使育成牛在配种时处于良好的体况，以提高初配的受胎率；产前两个月的评定是为了减少难产和产后代谢病的发生。

（二）不同泌乳阶段的饲养管理

1. 泌乳阶段的划分

根据泌乳母牛的生理特点和泌乳量的高低，可以将泌乳期划分为 4 个阶段：泌乳早期、泌乳中期、泌乳后期和干奶期。下面将分别介绍各阶段的特点和饲养管理要点。

（1）泌乳早期。产后 1~4 个月为泌乳早期，母牛产犊后产奶量迅速升高，至 6~8 周达到泌乳高峰。

（2）泌乳中期。产后 4~8 个月为泌乳中期，此期母牛的产奶量逐步下降。产后 10 周开始是牛食欲最好的时期，干物质食入量达到高峰。

（3）泌乳后期。产后 8 个月至干奶为泌乳后期，此时泌乳母牛已妊娠 5~6 个月，胎儿的绝对生长加快，需要补充营养满足胎儿生长的需要。

（4）干奶期。干奶期一般为妊娠期的最后两个月。此期需要让母牛储存一定的营养物质，以供给胎儿正常发育。

2. 泌乳早期的饲养

（1）产后饲养原则。母牛产后一般食欲稍差，应充分供给母牛温水，并给予优质干草，任牛自由采食，一般可按产前日粮喂给。第 2 天开始，根据母牛健康和食欲情况，适当增加精料 0.5~1 千克；若食欲不佳，则不宜增加。一般母牛产后 2~3 天食欲逐渐恢复，以后每天继续增加 0.5~1.5 千克精料。如母牛产后 2~3 天，食欲仍差，应考虑是否受身体炎症影响，须及时检查。

（2）产奶早期的饲养技术。产奶早期应根据营养需要，采用高能量、高蛋白质日粮，母牛尽可能增加干物质采食量。

高能量饲养要想使坦牛获得高能量日粮，必须采取下列技术措施。让母牛多吃品质优良的干草和含干物质较高的玉米青贮，例如优质苜蓿干草，三叶草干草，优良的雀麦、黑麦草等禾本科干草。由于优良牧草适口性好，幼嫩且能量浓度高，各种营养成分丰富，母牛愿意采食，食入量大，且不会导致奶牛发生消化道疾病和乳脂率下降等问题。适量多喂精料。精料补充料应合理配比，以满足母牛的高能量需要。精料比例超过 60% 后，其中易溶的碳水化合物在瘤胃中造成酸性环境；如果粗料采食量减少，唾液分泌亦减少，二者都使瘤胃 pH 值变低，其结果会造成消化不良，食欲不振，并可引起真胃移位、酮病，严重者还可引起酸中毒。精料饲喂量太高，也可使瘤胃挥发性脂肪酸中乙酸比例减少，丙酸比例增加，导致乳脂率下降，而瘤胃 pH 值降低使小肠 pH 值下降，从而抑制胰淀粉酶的活性。解决的办法是每天在日粮加入 100~150 克 $NaHCO_3$，以提高瘤胃的 pH 值。

补给脂肪。日粮中加入脂肪，一方面可以增加能量，另一方向也可以相应控制精料的饲喂量，因而可以减少由于精料高饲喂量而引起的种种弊端。同时，维持较高含量的日粮粗纤维，使乳脂率不下降。

（3）高蛋白质饲养。泌乳初期日粮的粗蛋白质水平应为日粮干物质的 15%~18%。除考虑日粮的粗蛋白质水平外，还需些考虑蛋白质的质量和过瘤胃蛋白质的数量。

3. 泌乳中期的饲养

此时期为保证牛的健康并让其食入大量饲料干物质，可调整

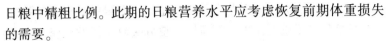

日粮中精粗比例。此期的日粮营养水平应考虑恢复前期体重损失的需要。

4. 泌乳后期的饲养

此期是恢复母牛体况和适当增加养分储备的最好时期，在泌乳后期及干奶期，只给母牛喂粗料不喂精料，或少喂精料，就能满足其需要，且可使瘤胃恢复正常发酵，使其在一年的生产周期中有一个休息的时期。

5. 干奶期的饲养

干奶期是母牛身体蓄积营养物质的时间，为减少代谢病的发病率，干奶期不宜提倡增加采食量，只宜在泌乳末期，适当加喂，以便于泌乳期结束时使牛有较好的体况进入干奶期，而在干奶期仅喂妊娠维持日粮。

三、牛犊的饲养管理

（一）消化道发育与消化酶分泌规律

1. 消化道的发育

初生牛犊出生时，前三个胃的容积仅占整个胃容积的 1/3 左右。随着牛犊的生长，瘤胃、网胃体积所占比例迅速增加。成年牛瘤胃的体积约占整个复胃体积的 80%，而真胃体积只占 8% 左右。由于瘤胃是牛的饲料发酵的重要器官，瘤胃发育的程度对于肉牛今后的消化生理具有重要影响，使牛犊的瘤胃得到充分的发育，是培育优良牛犊的重要目标之一。

影响瘤胃发育的因素很多，主要有精饲料、优质粗饲料和挥发性脂肪酸盐。研究表明，挥发性脂肪酸盐（如乙酸盐、丙酸盐和丁酸盐），可以有效地促进瘤胃上皮乳头的生长发育，其中，丁酸盐的作用更为明显。优质粗饲料可以通过发酵产生乙酸，促进瘤胃肌肉的生长发育和瘤胃容积的增加。精料补充料可以通过发酵产生丙酸而促进瘤胃上皮乳头的生长。瘤胃的容积对于提高牛的采食量居于重要作用，而瘤胃上皮乳头对于挥发性脂肪酸的吸收具有重要作用。因此，使牛犊能够尽早地采食优质饲料，对于瘤胃的发育以及成年牛的生产性能的发挥非常重要。

2. 消化酶的分泌

了解牛犊消化道酶活性的变化规律，对于科学配制牛犊的开食料和代乳料，培育好肉牛牛犊，具有重要指导价值。

牛犊出生后，真胃分泌的胃蛋白酶和凝乳酶的活性较高。随着日龄的增加，凝乳酶的活性逐渐下降，而胃蛋白酶的活性逐渐升高。凝乳酶的活性还受日粮等因素的影响。用乳清粉代替脱脂乳，牛犊的凝乳酶分泌减少，而胃蛋白酶分泌量不变。断奶或减少牛奶饲喂量也使凝乳酶的分泌减少。

牛犊出生后，胰蛋白酶和淀粉酶的分泌迅速增加。在牛犊出生后 7 ~ 24 天内，胰蛋白酶的分泌量可提高 20%；出生后 24 ~ 63天，提高 25% 以上。出生后 7 ~ 24 天，消化道淀粉酶的活性可以增加 600%。反刍前，牛犊小肠内乳糖酶和纤维二糖酶的活性很高，随着年龄的增长而逐渐下降，但牛犊 4 ~ 6 月龄时乳糖酶的活性仍然较高。牛犊小肠中缺乏蔗糖酶，因而牛犊大量采食蔗糖时会导致严重腹泻。牛犊对乳糖的消化率远高于对淀粉的消化率，但随着日龄的增长，由于肠道中微生物的作用，牛犊对淀粉的消化率逐渐升高。

（二）牛犊哺乳期间的护理

1. 哺乳技术

牛犊出生后，要尽早让牛犊吃足初乳。如果牛犊得不到初乳，需要用奶粉或常乳饲喂时，应添加维生素 A、维生素 D 和维生素 E。初乳的饲喂量为：牛犊出生后的第 1 天，饲喂 3 ~ 4 升；出生后的 2 ~ 3 天，每天饲喂 4 升，分两次饲喂。

肉用牛犊的哺乳方法一般采用随母哺育法，即牛犊出生后一直跟随母牛哺乳、采食和放牧。这种哺育法的优点是牛犊可以直接采食鲜奶，有效预防消化道疾病，并可以节约人力物力。其缺点是母牛产奶量无法统计，母牛疾病容易传染给牛犊，并可能造成牛犊的哺乳量不一致。保母牛应当健康无病，产奶量中等，乳头正常，乳房健康。保姆牛哺育法的哺乳期一般在4个月以上，最多不超过7个月。

为了充分利用母牛的泌乳潜力，节省母牛的饲养费用，一头产犊母牛也可同时哺育2～3头牛犊，即将同时出生的其他母牛的牛犊由该牛哺乳。生产中还可以将牛犊哺乳期控制在3个月左右，第1批牛犊断奶后，再带哺另1批牛犊。由于此时母牛泌乳量仍然比较高，所以第2批的牛犊经过3个月左右的哺喂，生长性能与第1批牛犊相似。牛犊伺喂初乳后，也可利用代乳料替代哺乳。

肉用牛犊的断奶方法可以参考乳用牛犊的断奶方法进行。断奶时间现多为2～3个月，哺乳量为300～400千克。国外肉用牛犊的断奶时间一般为3～5周，哺乳量控制在100千克以内。

2. 供给优质的植物性饲料

为了促进瘤胃的发育，牛犊出生1周左右就可以开始让其自由采食优质干草。出生后10天左右可以喂开食料，最初每天10～20克，以后增加到每天100克左右，然后逐渐增加。出生后20天开始饲喂青绿饲料，最初每天10～20克，2月龄可达1～1.5千克。出生后60天开始饲喂青贮饲料，最初每天100克。3月龄可达1.5～2千克。也可让牛犊4月龄左右就接触青贮料，但饲喂量亦不宜过高。开食料中不应添加尿素类非蛋白氮。随着牛的生长，可逐渐添加尿素等非蛋白氮，但不应高于精料量的1%～2%，且需要与精料补充料混合饲喂。优质饲草应占8%～12%。此外，采食料中添加10%～15%的棉籽有利于提高牛犊的食欲。

牛犊饲料类型的变换不要太快，否则可能会造成牛犊的消化不良、瘤胃酸度过高和采食量下降，影响日增重。更换饲料的过渡时间一般以 4 ~ 5 天为宜，更换精料补充料和粗料的比例每次不超过 10%。

理想的牛犊的采食量可达到体重的 2.5% ~ 2.6%。例如，当牛犊的体重为 230 千克时，则采食量为 5.75 千克，这时要尽量使肉牛维持这一采食量，且保持的时间越长越好。

四、肉用育成牛的饲养管理

1. 育成牛放牧饲养

放牧是育成牛首选的饲养方式。放牧的好处是能合理利用草地、草场，防止水土流失；使牛获得充分运动，从而增强其体质；节省青粗饲料的开支，降低饲料成本；减少舍饲时劳力和设备的开支。

我国北方有广阔的天然草地，青草期为 5 ~ 6 个月；南方有丰富的山地草场，青草期为 6 ~ 7 个月。可以充分利用这些饲草资源和放牧季节饲养肉牛。放牧饲养要注意以下几个方面。

（1）春季放牧要合理。春天牧草返青时不可放牧，以免牛"跑青"而累垮。此外，刚返青的草不耐践踏和啃咬，过早放牧会加快草地的退化，不但当年产草量下降，而且影响将来的产草量。待草平均生长到 10 厘米以上，即可开始放牧。最初放牧 15 天，并逐渐增加放牧时间，让牛逐步适应。避免其突然大量吃青草，发生肠胀、水泻等严重影响牛健康的疾病。

（2）公母分群放牧。6 月龄以后的育成牛必须按性别分群放牧。按性别分群是为了避免野交乱配和小母牛过早配种。野交乱配会发生近亲交配和无种用价值的牛犊交配，使后代退化。母牛过早交配会使身体的正常生长发育受到损害，成年时达不到应有的体重，其所生的牛犊也长不成大个，使生产蒙受不必要的损失。

牛数量少没有条件公母牛分群放牧时，可对育成公牛做附睾切割，保留睾丸并维持其正常功能（相当于输精管切割）。因为在合理的营养条件下，公牛增重速度和饲料转化效率均较阉牛高得多，胴体瘦肉量大，牛肉的滋味和香味也较阉牛好。

（3）分群轮牧。群组成数量可因地制宜，水草丰盛的草原地区 100～200 头一群，山区可 50 头左右一群。群体大可节省劳动力，提高生产效率，增加经济效益；群体小则管理细，在产草量低的情况下，仍能维持适合于牛特点的牧食行走速度，牛生长发育较一致。1 岁之前育成牛、带犊母牛、妊娠最后 2 个月母牛及瘦弱牛，可在较丰盛、平坦和近处草场（山坡）放牧。为了减少牧草浪费和提高草地（山坡）载畜量，可分区轮牧，每年均有一部分地段秋季休牧，让优良牧草有开花结实、扩大繁殖的机会。还要及时播种牧草，更新草场。

（4）放牧临时牛圈的建设。牧临时牛圈要选在高旷，易排水，坡度小（2%～5%）夏天有阴凉，春秋则背风向阳暖和之地，不要选在悬崖边、悬崖下、雷击区、径流处、低洼处坡度大等处。

（5）放牧补饲。草能吃饱时，育成牛日增重可达 400～500 克，通常不必回圈补饲。青草返青后开始放牧时，嫩草含水分过多，能量及镁缺乏，以及初冬以后牧草枯萎、营养缺乏等情况下，必须每天在圈内补饲干草或精料，补饲时机最好在牛回圈休息后夜间进行。夜间补饲不会降低白天放牧采食量，也免除回圈立即补饲，使牛群养成回圈路上奔跑所带来的损失。

补饲时，各种矿物元素不能集中喂，尤其是铜、硒、碘、锌等微量元素所需甚少，稍多会使牛中毒，但缺乏时明显阻碍生长发育，可以采购适于当地的舔砖来解决。最普通的食盐舔砖只含食盐，已估计牛最大舔入量不致中毒。功能较全的，则为除食盐外还含有各种矿物元素，但使用时应注意所含的微量元素是否适合当地。还有含尿素、双缩脲等增加粗蛋白质的特种舔砖。一般把舔砖放在喝水休息地点让牛自由舔食。舔砖有方形的或圆形的，每块重 1 千克、2 千克、5 千克不等。

（6）饮水。每天应让牛饮水 2~3 次。饮足水，才能吃够草。饮水地点距放牧地点要近些，最外不要超过 5 千米。水质要符合卫生标准。按成年牛计算（半岁以下牛犊算 0.2 头成年牛，半岁至 2.5 岁平均算 0.5 头牛），每头每天需喝水 10~50 千克。吃青草饮水少，吃干草、枯草、秸秆饮水多；夏天饮水多，冬天饮水少。

2. 育成牛的舍饲饲养

舍饲是在没有放牧场地或不放牧的季节，以及工厂化、规模化肉牛生产中所采用的饲养方式。

育成牛舍饲，可根据不同年龄阶段分群饲养。断奶至周岁的育成母牛，将逐渐达到生理上的最高生长速度、而且在断奶后幼牛的前胃相当发达，只要给予良好的饲养，即可获得最高的日增重。此时宜采用较好的粗料与精料搭配饲喂。粗料可占日粮总营养价值的 50%~60%，混合精料 40%~50%；到周岁时粗料逐渐增加到 70%~80%，精料降至 20%~30%。用青草做粗料时，采食量折合成干物质增加 20%。舍饲过程中，应多用干草、青贮和根茎类饲料，干草饲喂量（按干物质计算）为体重的 1.2%~2.5%。青贮和根茎类可代替干草量的 50%。不同的粗料要求搭配的精料质量也不同，用豆科干草做粗料时，精料需含 8%~10% 的粗蛋白质；用禾本科干草做粗料，精料蛋白质含量成为 l0%~12%；用青贮做粗料，则精料应含 12%~14% 粗蛋白；以秸秆为粗料，要求精料蛋白质水平更高，达 16%~20%。

周岁以上育成牛消化器官的发育已接近成熟，其消化力与成年牛相似，粗放饲养，能促进消化器官的机能。至初配前，粗料可占日粮总营养价值的 85%~90%。如果吃到足够的优质粗料，就可满足营养需要；如果粗料品质差，要补喂精料。由于该阶段牛的运动量加大，所需营养也加大，配种后至预产期前 3~4 个月，为满足胚胎发育、营养储备，可增加精料，并注意矿物质和维生素 A 的补充。

　　舍饲牛可采用小围栏的管理方式，也可采用大群散放饲养，前者每栏 10～20 头牛不等，平均每头牛占 7～10 平方米。牛的饲喂可定时饲喂，也可自由采食。一般粗饲料多采取全天自由采食，精料定时补饲，自由饮水。

　　3. 育成种公牛的饲养

　　育成公牛的生长比育成母牛快，因而需要的营养物质较多，尤其需要以补饲精料的形式提供营养，以促进其次长发育。对种用后备育成公牛的饲养，应在满足一定量精料供应的基础上，喂以优质青粗饲料，并控制饲喂给量以免形成草腹；非种用后备牛不必控制青粗料喂量，以便在低精料下仍能获得较大日增重。

　　合成种公牛的日粮中，精料与粗料的比例依粗料的质量而异。以青草为主时，精料与粗料的于物质比例约为 55：45；青干草为主时，其比例为 60：40。育成种公牛的粗料不宜用秸秆、多汁与渣糟类等，最好用优质苜蓿干草。青贮应少喂，6 月龄后日饲喂量应以月龄乘以 0.3～0.5 千克为准，周岁后日喂量限量为 3～5 千克，成年为 4～6 千克。另外，酒糟、粉渣、麦秸之类、菜籽饼等不宜饲喂育成种公牛。维生素 A 对睾丸的发育、精子的密度和活力等有重要影响，应注意补充。冬春季没有青草时，每头育成种公牛可日喂胡萝卜 0.5～1 千克。日粮中矿物质要充足。

　　4. 育成牛的管理

　　（1）分群。成牛应公母分群饲养，及时转群，同时称重并结合体尺测量，对生长发育不良的予以淘汰。

　　（2）定槽。养拴系式管理的牛群，采用定槽是必不可少的，使每头牛有自己的牛床和食槽。

　　（3）储存。冬春季节储足所需饲草、饲料。

五、肉牛育肥技术

（一）育肥方式

肉牛育肥有多种方式。按牛的年龄可分为牛犊肥育、幼牛肥育和成年牛肥育；按性别可分为公牛育肥、母牛育肥、阉牛育肥等；按育肥所采用的饲料种类分为干草育肥、秸秆育肥和糟渣育肥；按饲养方式可分为放牧育肥、半舍饲半放牧育肥和舍饲育肥，也可以分为持续育肥和吊架子育肥（后期集中育肥）。虽然牛的育肥方式方法各异，但在实际生产中往往是互相交叠应用的。

（1）放牧育肥方式。牧育肥是指从牛犊到出栏为止，完全采用草地放牧而不补饲。这种育肥方式适合于人口较少、土地充足、草地广阔、降雨量充沛、牧草丰盛的牧区和半农半牧区。如果有较大面积的草山草坡可以种植牧草，在夏天青草期除供放牧外，还可保留一部分草地，收割调制青干草或青贮料作为越冬饲用。该育肥方法较为经济，但饲养周期长。这种方式也可称为放牧育肥。

（2）半舍饲半放牧育肥方式。季青草期牛群采取放牧育肥。寒冷干旱的枯草期将牛群舍内圈养，这种半集约的育肥力式称为半舍饲半放牧育肥。采用这种育肥方式，不但可利用草地放牧，节省投入，且牛犊断奶后可以低营养过冬，一年青草期放牧能获得较理想的补偿增长。此外，采用此种方式育肥，还可在屠宰前3~4个月的舍饲育肥，从而达到最佳的育肥效果。

（3）舍饲育肥方式。是一种肉牛从育肥开始到出栏为止全部实行圈养的育肥方式。其优点是使用土地少，饲养周期短，牛肉质量好。缺点是投资大，育肥过程中需要较多的精料，成本过高。采用此种育肥方式时，在保证饲料充足的条件下，自由采食时效果较好。

（4）持续育肥。续育肥是指在牛犊断奶后就转入肥育阶段，给以高水平营养进行肥育、一直到适当体重时出栏。持续肥育较好地利用了牛生长发育快的幼牛阶段，日增重高，饲料利用率也高，出栏快、肉质好。

（5）架子牛育肥。架子牛育肥又称后期集中育肥，是在牛犊断奶后，按一般饲养条件进行饲养，达到一定年龄和体况后，充分利用牛的补偿生长能力，采用在屠宰前集中 3 ~ 4 个月进行强度肥育。要注意的是，若牛的吊架子阶段过长，肌肉生长发育受阻过度时，即使给予充分饲养，最后体重也很难与持续育肥的牛相比，而且胴体中骨骼、内脏比例大，脂肪含量高，瘦肉比例较小，肉质欠佳。

（二）肉牛育肥技术

1. 牛犊的育肥

（1）牛犊肉的种类及特点。牛犊育肥是肉牛持续育肥的生产方式之一。使用牛犊所生产的牛肉有白牛肉、红牛肉和普通牛犊肉。牛犊出生后仅饲喂鲜奶和奶粉，不饲喂任何固体饲料，牛犊月龄达到 3 ~ 5 个月、体重达 150 ~ 200 千克时，即进行屠宰，这样生产的牛肉称为白牛肉（white beef）。牛犊出生后仅饲喂玉米、蛋白质补充料和营养性添加剂，而不饲喂任何粗饲料，当月龄达 7 个月、体重达 350 千克左右时屠宰，这样所生产的牛犊肉称为红牛肉（red beef）。牛犊肉（veal）是指牛犊出生后，饲喂高营养日粮，包括精料和粗料，快速催肥，月龄达到 12 个月、体重达到 450 千克左右时屠宰所得到的牛肉。

（2）牛犊肉的生产技术。

①牛犊的选择。生产牛犊肉大多是以淘汰的乳用或兼用牛的公犊。可选荷斯坦公犊，喂过 5 天初乳后即转入饲养场。乳用公牛犊生长快，饲料转化效率高，肉质好，适合生产牛犊肉。出生

重宜在 40 千克以上，平均重量 45 千克。出生体重大的牛犊比出生体重小的牛犊在以后的增重上有着明显优势。此外，牛犊应健康无病，无不良遗传症状，无生理缺陷，饮过初乳，体型结实。

②白牛肉的生产。从初生到 100 或 150 日龄，全期仅饲喂鲜奶和低铁奶粉，不饲喂其他固体饲料，牛肉色白，肉质细嫩，乳香味浓。加拿大生产白牛肉的方法是：奶牛公犊出生后仅饲喂牛奶，体直达到 145 千克时出售。牛犊的牛奶采食量随着年龄的增长而增加，达到 9 ~ 12 千克/天时，保持这一水平，直至达到出售体重。牛犊每 1 千克增重大约需要 10 千克牛奶，日增重为 0.9 ~ 1 千克。也可以用代乳粉生产白牛肉，代乳粉的成分应与牛奶相似，只是脂肪含量较高（20%）。另外，铁含量较低。生产白牛肉的牛犊由于牛奶或代乳粉中铁含量不能满足其营养需要，故血红蛋白水平只有正常水平的一半，所以使肌肉呈现白色。

③红牛肉的生产。奶用公牛犊断奶后使用一般精饲料肥育，饲养到 7 月龄时体重达 350 ~ 370 千克出栏，所生产的牛肉为红牛肉。在哺乳期间不补粗饲料，只饲喂整粒玉米与少量添加剂，断奶后完全用整粒玉米和蛋白质补充料加添加剂。饲喂方式为自由采食，预计每头日进食量为 6 ~ 8 千克，日增重达 1.3 ~ 1.5 千克。如改为玉米粒压扁或粗粉饲喂效果还会更好。

加拿大生产红牛肉的方法是：牛犊出生后饲喂牛奶或代乳料，至 6 ~ 8 月同龄；然后用全精料饲养，体重达 260 千克时出售。精料日粮可由整粒玉米或大麦及颗粒补充料组成，精料的粗蛋白质含量达 18% ~ 20%。牛犊的日增重可达 1.4 ~ 1.8 千克，饲料转化率为 3：1。可以用含铁量较高的材料作为垫草，或用高铁补充料，以增加牛犊对铁的采食量，提高红牛肉的等级。饲养生产红牛肉的牛犊，一般要减少其活动量，以促进饲料转化和脂肪沉积。

④普通牛犊肉的生产。一般选用荷斯坦小公牛或大型肉牛与黄牛杂交一代小公牛。在初生重 38 ~ 40 千克的基础上：饲养 365

天，日增重为1.2~1.3千克。饲养结束时，荷斯坦公牛体重可达450~500千克，杂交一代公牛约为300千克。牛犊每1千克增重消耗日粮干物质6.59~7.29千克，其中包括精料3.22~5.82千克和粗饲料1.9~3.75千克。

⑤管理。在日常管理过程中，饲喂要做到定时定量，并保证充足的饮水；舍温应保持在14~20℃，并保证牛舍通风良好；牛舍内每日清扫粪尿1次，并用清水冲洗地面，每周于室内消毒1次；牛床最好是采用漏粪地板，防止牛与泥土接触，严格防止牛犊下痢。

2. 育成牛持续育肥技术

利用牛早期生长发育快的特点，在牛犊5~6月龄断奶后直接进入育肥阶段，提供高水平营养，进行强度育肥，在13~24月龄出栏时体重达到360~550千克。这类牛肉鲜嫩多汁，脂肪少，适口性好，属于高档牛肉的一种，是国内外的肉牛育肥主要方式。持续育肥可分为舍饲强度育肥和放牧补饲强度育肥两种。

（1）舍饲强度育肥技术。舍饲强度育肥指在育肥的全过程中采用舍饲，不进行放牧，保持始终一致的较高营养水平，一直到肉牛出栏。采用该种办法，肉牛生长速度快，饲料利用率高，加上饲养期短，所以育肥效果好。

舍饲强度育肥可分3期进行：适应期。刚进舍的断奶牛犊不适应环境，一般要有1个月左右的适应期。增肉期。一般要持续7~8个月，分为前后两期。催肥期。主要是促进牛体膘肉丰满，沉积脂肪，一般为2个月。舍饲强度育肥饲养管理的主要措施有如下几个。

①合理饮水与给食。从市场购回断奶牛犊，或经过长距离、长时间运输进行易地育肥的断奶牛犊，进入育肥场后要经受饲料种类和数量的变化，尤其从远地运进的易地育肥牛，胃肠食物少，体内严重缺水，应激反应大。因此，第1次饮水量应限制在10~20千克，切忌暴饮。如果每头牛同时供给人工盐100克，则

效果更好。第2次给水时间应在第一次饮水3~4小时后，此时可自由饮水，水中如能掺些麸皮则更好。当牛饮水充足后，便可饲喂优质干草。第1次应限量饲喂，按每头牛4~5千克供给；第2~3天逐渐增加喂量；5~6天后才能让其自由充分采食。青贮料从第2~3天饲喂。精料从第4天开始供给，也应逐渐增加，而不要一开始就大量饲喂。开始时按牛体重的0.5%供给精料，5天后按1%~1.2%供给，10天后按1.6%供给，过渡到每日将育肥喂量全部添加。经过15~20天适应期后，采用自由采食法饲喂，这样每头牛不仅可以根据自身的营养需求采食到足够的饲料，且节约劳力。同时，由于牛只不同时采食，可减少食槽。

②隔离观察。从市场购回断奶牛犊，应对入场牛隔离观察饲养。注意牛的精神状态、采食及粪尿情况，如发现异常现象，要及时诊治。

③分群隔离。观察临结束时，按牛年龄、品种、体重分群，目的是使育肥达到更好效果。一般10~15头牛分为一栏。分群当晚应有管理人员不时地到牛舍查看，如有格斗现象，应及时处置。

④驱虫。为了保证育肥效果，对购进的育肥架子牛应驱除体内寄生虫。驱虫可从牛入场的第5~6天进行。驱虫3天后，每头牛口服"健胃散"350~400克健胃。驱虫可每隔2~3个月进行一次。

⑤合理去势。舍饲强度育肥时可不对公牛去势。试验研究表明，公牛在2岁前不去势育肥比去势后育肥不仅生长速度快，而且胴体品质好，瘦肉率高，饲料报酬高。2岁以上公牛以去势后育肥较好，否则不但不便于管理，且肉脂会有膻味，影响胴体品质。

⑥运动。肉牛既要有一定的活动量，又要让它的活动受到一定的限制。前者的目的是为了增强牛的体质，提高其消化吸收能力，并使其保持旺盛的食欲；而限制牛的过量活动，则主要是为

了减少能量消耗，以利于育肥。因此，如果采用自由活动法，育肥牛可散养在围栏内，每头牛占地4～5平方米。

⑦刷拭。每日在喂牛后对牛刷拭2次，可促进牛体血液循环，增加牛的采食量。刷拭必须彻底，先从头到尾，再从尾到头，反复刷拭。

⑧保持牛舍卫生。在育肥牛入舍前，应对育肥牛舍地面、墙壁用2%火碱溶液喷洒消毒，器具消毒用新洁尔灭或0.1%高锰酸钾溶液。进舍后，每天应对牛舍清扫2次，上午和下午各1次，清除污物和粪便。每隔15天或1个月应对用具、地面消毒1次。

（2）放牧补饲强度育肥技术。这是在有放牧条件的地区，牛犊断奶后，以放牧为主，根据草场情况，适当补充精料或干草的强度育肥方式。要实现在18月龄体重达到400千克这一目标，要求牛犊哺乳阶段，平均日增重达到0.9～1千克，冬季日增重保持0.4～0.6千克，第2个夏季日增重在0.9千克。在枯草季节每天每头喂精料1～2千克。该方法的优点是精料用量少，饲养成本低；缺点是日增重较低。在我国北方草原和南方草地较丰富的地方，是肉牛育肥的一种重要方式。技术要点如下。

①以草定畜放牧时，实行轮牧，防治过牧。牛群可根据草原、草地大小而定，一般50头左右一群为好。120～150千克活重的牛，每头牛应占有1.3～2公顷草场。300～400千克活重的牛，每头牛应占有2.7～4公顷草场。

②合理放牧北方牧场在每年的5～10月、南方草地4～11月为放牧育肥期，牧草结实期是放牧育肥的最好季节。每天的放牧时间不能少于12小时。最好设有饮水设备，并备有食盐砖块，任其舔食。当天气炎热时，应早出晚归，中午多休息。

③合理补饲不宜在出牧前或收牧后立即补料，应在回舍后过几小时补饲，每天每头补喂精料1～2千克，否则会减少放牧时牛的采食量。

（三）架子牛育肥技术

一般将 12 月龄左右，骨骼得到相当程度发育的牛称为架子牛。架子牛的快速育肥是指牛犊断奶后，在较粗放的饲养条件下饲养到一定的年龄阶段，然后采用强度育肥方式，集中育肥 3～6 个月，充分利用牛的补偿生长能力，达到理想体重和膘情时屠宰。这种育肥方式也称为异地育肥，育肥成本低，精料用量少，经济效益较高，在黄牛育肥上广泛应用。

1. 育肥架子牛的选择

应选择身体健康、被毛光亮、精神状态良好的牛用于育肥。牛的年龄应在 1.5 岁左右，因为这一阶段的牛生长发育潜力较大，生长速度快，饲料利用率高。1 岁以下育肥需要的时间较长，而超过 2.5 岁生长速度缓慢。另外，选购的牛要有适宜的体重。一般认为，在同一年龄阶段，体重越大，体况越好，育肥时间就越短，育肥效果也好。一般杂交牛在一定的年龄阶段其体重范围大致为：6 月龄体重为 120～180 千克，12 月龄体重为 180～250 千克，18 月龄体重为 220～310 千克，24 月龄体重为 280～380 千克。

要注意选择杂交牛，利用杂交优势。首先要选良种肉牛或肉乳兼用牛及其与本地牛的杂交，其次选荷斯坦公牛及其与本地牛的杂交后代。如我国地方品种用西门塔尔牛和短角牛改良，产肉、产奶效果都很好；用安格斯牛改良，后代抗逆性强，早熟，肉质上乘；用海福特牛改良，能提高早熟性和牛肉品质；用利木赞牛改良，牛肉的大理石花纹明显改善；用夏洛来或皮埃蒙特牛改良，后代的生长速度快，瘦肉率、屠宰率和净肉率高，肉质好。在我国地方黄牛中，体型较大、肉用性能较好的有秦川牛、南阳牛、鲁西牛、晋南牛等优良品种。2 岁前不去势的公牛，生长速度和饲料转化率均明显高于阉牛，且胴体的瘦肉多，脂肪少。现在许多国家都用公牛直接育肥，以高效率生产大量优质牛肉。一般公牛的日增重比阉牛高 14.4%，饲料利用率高 11.17%。

要选择双肌牛与普通牛的杂交后代。近年来，在肉牛生产中对双肌越来越注意。双肌是对肉牛肌肉过度发育的形象称呼。双肌牛生长快，胴体脂肪少而肌肉多。双肌牛胴体的脂肪比正常少3%~6%，肌肉多8%~11.8%，个别双肌牛的肌肉比正常牛多20%，骨少2.3%~5%。

2. 减少应激反应

架子牛在运输过程中，以及刚进入育肥场新环境条件，会产生应激现象。牛受应激反应越大，养牛的损失也越大。为减少牛应激的损失，可采用如下措施：①口服或注射维生素 A。运输前2~3天开始，每头牛每日口服或注射维生素 A 2.5×10⁵~1.0×10⁶ IU。②装运前合理饲喂。具有轻泄性的饲料（如青贮饲料、麸皮、新鲜青草），在装运前3~4小时就应停止饲喂，否则容易引起腹泻，排尿过多，污染车厢和牛体。装运前2~3小时，架子牛亦不宜过量饮水。③装运过程中，切忌任何粗暴行为或鞭打牛只，否则可导致应激反应加重。④合理装载。用汽车装载时，每头牛按体重大小应占车内面积是：300 千克以下为0.7~0.8 平方米；300~350 千克为 1.0~1.1 平方米，400 千克为 1.2 平方米，500 千克为1.3~1.5 平方米。

3. 新购进架子牛的饲养管理

新到架子牛应在干净、干燥的地方休息。首先，应提供清洁饮水。架子牛经过长距离、长时间的运输，应激反应大，胃肠食物少，体内缺水，这时对牛只补水是第一位的工作。首次饮水量限制为15~20升，并每头牛补人工盐100克；第二次饮水应在第一次饮水后3~4小时，切忌暴饮，水中掺些麸皮效果更好；随后可采取自由饮水。对新到架子牛，最好的粗饲料是长干草，其次是玉米和高粱青贮饲料。不能饲喂优质苜蓿干草或苜蓿青贮，否则容易引起运输应激反应。用青贮料时最好添加缓冲剂（碳酸氢钠），以中和酸性。每天每头可喂 2 千克左右的精饲料，加喂

350毫克抗菌素和350毫克磺胺类药物，以消除运输应激反应。不要喂尿素。补充无机盐，用2份磷酸氢钙加1份盐让牛自由采食。补充5 000IU维生素A和100IU维生素E。架子牛入栏后立即进行驱虫。常用的驱虫药物有阿费米丁、丙硫苯咪唑、敌百虫、左旋咪唑等。驱虫应在空腹时进行，以利于药物吸收。驱虫后，架子牛应隔离饲养15天，其粪便消毒后进行无害化处理。

4. 分阶段饲养

架子牛在应激时期结束后，应进入快速育肥阶段，并采用阶段饲养。如架子牛快速肥育需要120天左右，可以分为3个育肥阶段：过渡驱虫期（约15天）、第16～60天和第61～120天。

（1）过渡驱虫期。此期约15天。对刚从草原买进的架子牛，一定要驱虫，包括驱除内外寄生虫。实施过渡阶段饲养，即首先让刚进场的牛自由采食粗饲料。粗饲料不要铡得太短，长约5厘米。上槽后仍以粗饲料为主，可铡成1厘米左右。每天每头牛控制喂0.5千克精料，与粗饲料拌匀后饲喂。精料量逐渐增加到2千克，尽快完成过渡期。

（2）第16～60天。这时架子牛的干物质采食量要逐步达到8千克，日粮粗蛋白质水平为11%，精粗比为6:4，日增重1.3千克左右。精料参考配方为：70%玉米粉、20%棉仁饼、10%麸皮。每头牛每天补充20克食盐和50克添加剂。

（3）第61～120天。此期干物质采食量达到10千克，日粮粗蛋白质水平为10%，精粗比为7:3，日增重1.5千克左右。精料参考配方为：85%玉米粉、10%棉仁饼、5%麸皮。每头牛每天补充30克食盐和50克添加剂。

饲喂方式有定时定量饲喂和自由采食两种。自由采食的优点是可以根据架子牛自身的营养需求采食到足够的饲料，达到最高增重，最有效地利用饲料；还可节约劳动力，一个劳动力可管理100～150头牛；适合于强度催肥；可以减少群饲时牛只互相争食格斗。缺点是不易控制牛只的生长速度；粗饲料的利用量下降；

饲料在牛消化道停留时间短，影响饲料的利用率而易造成饲料的浪费。

定量饲喂的优点是饲料浪费少，而且能够更有效地控制牛只的生长；便于观察牛只采食、健康状况；粗饲料的利用率高，管理方便。缺点是架子牛生长受到制约，需要较多的劳动力，由于缺少牛只间的争食，影响了采食量。

5. 架子牛育肥的管理

育肥架子牛可采用短缰拴系，限制活动。每天刷拭两次，有利于皮肤健康，促进血液循环，以改善肉质。经常观察反刍情况、粪便、精神状态，如有异常应及时处理。及早出栏，达到市场要求体重则出栏，一般活牛出栏体重为 450 千克，高档牛肉则为 550 ~ 650 千克。要定期了解牛群的增重情况，随时淘汰处理病牛等不增重或增重慢的牛，在管理中，不要等到一大批牛全部育肥达标时再出栏，可将达标牛分批出栏，以加快牛群的周转，降低饲养成本。

（四）成年牛的育肥技术

用于育肥的成年牛大多是役牛、奶牛和肉用母牛群中的淘汰牛，一般年龄较大，产肉率低，肉质差。经过育肥，使肌肉之间和肌纤维之间脂肪增加，肉的味道改善，并由于迅速增重，肌纤维、肌肉束迅速膨大，使已形成的结缔组织网状交联松开，肉质变嫩，经济价值提高。

育肥前对牛进行健康检查，病牛应治愈后育肥；过老、采食困难的牛不要育肥；公牛应在育肥前 10 天去势。成年牛育肥期以 2 ~ 3 个月为宜，不宜过长，因其体内沉积脂肪能力有限，满膘时就不会增重，应根据牛膘情灵活掌握育肥期长短。膘情较差的牛，先用低营养日粮，过一段时间后调整到高营养再育肥，按增膘程度调整日粮。生产中，在恢复膘情期间（即育肥第一个月）往往增重很高，饲料转化率较正常也高得多。有草地的地方可先行放牧育肥1~2个月，再舍饲育肥1个月。

成年牛育肥应充分利用我国的秸秆和糟渣类资源。我国农区秸秆资源丰富，特别是玉米秸，其产量高，营养价值也较高，粗蛋白质含量可达5.7%左右，比麦秸和稻草等秸秆的粗蛋白质含量高；易消化的糖、半纤维素和纤维素含量也比麦秸和稻草高，玉米秸的干物质消化率可达50%。在冬季饲料比较缺乏的季节，玉米秸完全可以用做肉牛的饲料。

限制利用玉米秸的因素，主要是玉米秸的外壳比较硬，肉牛不能利用硬壳内的营养物质。因此，必须对玉米秸进行加工。可用物理方法破坏玉米秸的硬壳，用揉碎机揉碎，这样可使玉米秸变成松软的饲料，并保持一定的物理结构，易被肉牛消化利用。如果再进行氨化处理，效果会更好，因为经氨化处理，不仅可以增加玉米秸粗蛋白质的含量，而且可以提高玉米秸的消化率。据报道，经氨化处理后的秸秆粗蛋白质可提高1~2倍，有机物质消化率可提高20%~30%，采食率可提高15%~20%。

青贮玉米是育肥肉牛的优质饲料。据研究，在低精料水平下，饲喂育贮料能达到较高的增重。试验证实，收获籽实后的玉米秸，在尚未枯萎之前，仍为肉牛饲养的优质粗料，加喂一定量精料进行肉牛肥育，仍能获得较好的增重效果。青贮饲料的用量根据肉牛活重而定，每100千克活重喂6~8千克，其他粗饲料0.8~1.0千克。同时，需要补充精饲料0.6~1.0千克（根据年龄及膘情确定）。

随着精料喂量逐渐增加，青贮玉米秸的采食量逐渐下降，日增重提高，促成本增加。玉米青贮按干物质的2%添加尿素饲喂能获得较好的效果。这时给牛喂缓冲剂碳酸氢钠能防止酸中毒，提高肉牛的牛长速度。碳酸氢钠用量占日粮总量的0.6%~1.0%，每天每头牛50~150克。用1/5氨化秸秆和青贮饲料搭配喂肉牛，也可中和瘤胃酸性，提高进食量。精料的一般比例为玉米65%、麸皮12%~15%、油饼15%~20%、矿物质类4%。

以酒糟为主要饲料育肥肉牛，是我国肉牛育肥的一种传统方法。酒糟是以富含碳水化合物的小麦、玉米、高粱、甘薯等为原料的酿酒工业的副产品。酿酒过程中只有2/3淀粉转化为酒精。因此，酒糟除了水分含量较高（78%～80%）外，粗纤维、粗蛋白质、粗脂肪等的含量都比较高，其粗蛋白质占干物质的20%～40%，而无氮浸出物含量较低，属于蛋白质饲料范畴。虽然酒糟的粗纤维含量较高（多在10%～20%），但其各种物质的消化率与原料相似，故按干物质计算，其能量价值与糠麸类相似。另外，酒糟含有酵母、B族维生素等。用酒糟育肥牛一般为期3～4个月。开始阶段，大量喂给干草和其他粗饲料，只给少量酒糟，以训练其采食能力。经过15～20天，逐渐增加酒糟饲喂量，减少干草饲喂量。到育肥中期，酒糟量可以大幅度增加。在日粮组成中，宜合理搭配少量精料和适口性强的其他饲料，特别注意添加维生素制剂和微量元素，以保证旺盛的食欲。

（五）高档牛肉生产技术

1. 高档牛肉的概念

牛肉在嫩度上不及猪、禽肉，但若利用世界上专门化的肉牛良种或优良地方品种的杂交后代，采用高水平饲养、育肥达到一定体重后屠宰，并按规定的程序进行后熟、分割、加工、处理，其中几个指定部位的肉块经专门设计的工艺处理，这样生产的牛肉，不仅色泽、新鲜度上达到优质肉产品的标准，而且具有和优质猪肉相近的嫩度，即称为高档牛肉。因此，高档牛肉就是牛肉中特别优质的、肌肉纤维细嫩和脂肪含量较高的牛肉，所做食品既不油腻，也不干燥，鲜嫩可口。

高档牛肉品质档次的划分，主要依据牛肉本身的品质和消费者的主观需求，因此有多种标准。但一般的高档肉块主要指牛柳、西冷和眼肉3块分割肉，且要求达到一定的重量标准和质量标准，有时也包括嫩肩肉、胸肉两块分割肉。

高档牛肉占牛胴体的比例最高可达 6% ~ 12%。高档牛肉售价高，是具有较高的附加值、可以获得高额利润的产品。因此，提高高档牛肉的出产率，可大大提高养肉牛的生产效率。如我国几个黄牛品种，每头育肥牛生产的高档牛肉占其产肉量的 5% 左右，但产值却占整个牛产值的 47%；而饲养加工一头高档肉牛，则可比饲养当地牛增加收入 2 000 元以上，可见饲养和生产高档优质牛经济效益十分可观。

2. 高档肉牛生产技术要点

（1）品种选择。生产高档牛肉应选择国外优良的肉牛品种，如利木赞牛、皮埃蒙特牛、海福特牛、西门塔尔牛等，或它们与国内优良地方品种（如秦川牛、晋南牛、鲁西牛、南阳牛）的杂交牛，这样的牛生产性能好，易于达到育肥标准。

（2）年龄选择。因为牛的脂肪沉积与年龄呈正相关，即年龄越大，沉积脂肪的可能性越大，而肌纤维间脂肪是较晚沉积的。但年龄与嫩度、肌肉、脂肪颜色有关，一般随年龄增大肉质变硬，颜色变深变暗，脂肪逐渐变黄。生产高档牛肉，牛的屠宰年龄一般为 18 ~ 22 月龄，屠宰体重达到 500 千克以上，这样才能保证屠宰服体分割的高档优质肉块有符合标准的剪切值、理想的胴体脂肪覆盖和肉汁风味。因此，对于育肥架子牛，要求育肥前 12 ~ 14 月龄体重达到 300 千克，经 6 ~ 8 个月育肥期，活重能达到 500 千克以上。

（3）性别选择。一般母牛沉积脂肪最快，阉牛次之，公牛沉积最迟而慢；肌肉颜色则公牛深，母牛浅，阉牛居中；饲料转化效率以公牛最好，母牛最差。年龄较轻时，公牛不必去势；年龄偏大时，公牛去势（育肥期开始之前 10 天进行）。母牛则年龄稍大亦可，因母牛肉一般较嫩，年龄大些可改善肌肉颜色浅的缺陷。综合各方面因素，用于生产高档优质牛肉的牛一般要求是阉牛。因为阉牛的胴体等级高于公牛，生长速度又比母牛快。因此，在生产高档牛肉时，应对育肥牛去势。去势时间应选择在

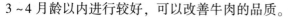

3~4月龄以内进行较好，可以改善牛肉的品质。

（4）营养水平。生产高档牛肉，要对饲料进行优化搭配，饲料应多样化，尽量提高日粮能量水平，但蛋白质、矿物质和微量元素的给量应该足够。正确使用各种饲料添加剂，目的是高的日增重，因为只有在高日增重下，脂肪沉积到肌纤维之间的比例才会增加，而且高日增重，也能促使结缔组织（肌膜、肌鞘膜等）已形成的网状交联松散，以重新适应肌束的膨大，从而使肉变嫩。高日增重之下圈养时间可缩短，也提高了育肥生产效率。不同时期的营养水平如下。

①断奶至6月龄。CP（粗蛋白质）为16%~19%，TDN（总的可消化养分）为70%，配合饲料占体重的2.0%~2.5%，粗饲料占1.0%~1.2%。

②7~12个月龄。CP为14%~16%，TDN为68%~70%，配合饲料占体重的1.2%~1.5%，粗饲料占1.2%~1.5%。

③育肥前期（13~18个月龄，300~450千克）。CP为11%~12%，TDN为71%~72%，配合饲料占体重的1.7%~1.8%，粗饲料占1.0%~1.2%。

④育肥后期（19~24个月龄，450~650千克）。CP为10%~11%，TDN为72%~73%，配合饲料占体重的1.8%~2.0%，粗饲料占0.5%~0.8%。

（5）适时出栏。为了提高牛肉的品质（大理石花纹的形成、肌肉嫩度、多汁性、风味等），应该适当延长育肥期，增加出栏重。出栏时间不宜过早，太早影响牛肉的风味，因为肉牛在未达到体成熟以前，许多指标都未达到理想值，而且肉产量低，影响整体经济效益。但出栏时间也不宜过晚，因为太晚肉牛自身体脂肪沉积过多，不可食部分增多，而且饲料消耗量增大，达不到理想的经济效益。中国黄牛体重达到500~550千克，月龄为25~30月龄时出栏较好。此时出栏，体重在450千克的屠宰率可达到60.0%，眼肌面积达到83.2平方厘米，大理石花纹1.4级；体重在 550 千克的屠宰率可达到 60.6%；体重在 600 千克的屠宰率可达到 62.3%，眼肌面积达到 92.9 平方厘米，大理石花纹 2.9 级。

(6) 严格的生产加工工艺。高档牛肉只占牛肉总重的 10% 左右，但其经济价值却占整个牛的近 50%。要获得比较好的经济效益，必须按照高档牛肉的生产加工工艺进行生产，其屠宰工艺流程为：检疫—称重—淋浴—击昏—倒吊—刺杀放血（电刺激）—剥皮（去头、蹄和尾巴）—去内脏—劈半—冲洗—修整—转挂—称重—冷却—排酸成熟—剔骨分割、修整—包装。

（六）提高肉牛育肥效果的综合措施

对肉牛进行育肥时，除了应选择好牛并加强饲养管理外，还可以采取一些综合措施，提高肉牛的育肥效果和经济效益。

1. 选择合适的育肥季节

育肥季节最好选在气温低于 30℃ 的时期。气温较低时，有利于增加饲料采食量和提高饲料消化率，同时减少蚊蝇以及体外寄生虫的危害，使牛有一个安静适宜的环境。春秋季节气候温和，牛的采食量大，生长快，育肥效果最好，其次为冬季。夏季炎热，不利于牛的增重。如果必须在夏季育肥，则应严格执行防暑措施，如利用电风扇通风、在牛身上喷洒冷水等。冬季育肥气温过低时，可考虑采用暖棚防寒。

不同的季节对育肥经济收益有影响。在牛肉生产不能均衡供应之时，不同季节的牛肉销售价格存在较大的差异，尤其是在南方地区特别明显，冬季的牛肉价格要比夏季高许多，因此，秋冬季节育肥经济收益最好。

2. 合理搭配饲料

优质粗饲料是肉牛饲养的主要饲料，粗饲料对于保持牛的消化机能是必不可少的。因此，配合肉牛日粮应该首先考虑利用粗饲料。不少肉牛场常以麦秸、氨化麦秸、青贮玉米秸或青干草作为主要饲料，让肉牛自由采食，为肉牛提供大部分营养物质。但从粗蛋白质含量和饲料的可消化性上看，常用粗饲料中青干草、豆秸、玉米秸质量较好，而麦秸、稻草和谷草质量相对较差。如果仅用麦秸饲喂肉牛，肉牛体重几乎不增加或稍减轻；只饲喂氨化麦秸，肉牛每天增重只有 200 克左右；随着饲喂精料量的增加，肉牛的日增重增加。因此，肥育牛必须饲喂一定量的精料。常用的能量饲料有玉米、大麦、麸皮、高粱等，常用的蛋白质饲料主要有豆饼、棉籽饼、菜籽饼等。一般将能量饲料和蛋白质饲料混合饲喂，按饲养标准合理搭配，育肥期每头肉牛每天饲喂混合精料量通常为 2.5 ~ 4 千克，肉牛日增重可达 1 千克左右。

3. 糟渣等副产品的利用

我国啤酒糟、淀粉渣、豆腐渣、糖渣和酱油渣的产量每年约 3×10^7 吨，它们是肉牛育肥很好的饲料资源。这些饲料的缺点足营养不平衡，单独饲喂时效果不好，牛易生病。如果合理使用添加剂，糟渣类副产品能够代替日粮内 90% 精料，日增重仍可达到 1.5 千克左右。用法和参考用量如下。

啤酒渣：每天每头牛喂 15 ~ 20 千克，加 150 克小苏打、100 克尿素和 50 克肉牛添加剂。

酒糟：每天每头牛喂 10 ~ 15 千克，加 150 克小苏打、100 克尿素和 50 克肉牛添加剂。

淀粉渣、豆腐渣、糖渣、酱油渣：每天每头牛喂 10 ~ 15 千克，加 150 克小苏打、100 克尿素和 50 克肉牛添加剂。

4. 饲料添加剂的使用

肉牛在育肥期使用催肥饲料添加剂，可促进牛体合成代谢，使饲料中的氮源物质更多地转化为牛体蛋白质，碳水化合物更多地转化为脂肪，或改变牛体内不同激素的浓度对比，协调内分泌系统的功能，提高体内有利于牛体生长的激素分泌量；或控制牛体的代谢速度，降低牛的活动量，从而降低牛的维持需要，使更多的营养物质，特别是能量物质在体内蓄积，最终加速肉牛在育肥期的增重。国内外许多研究和生产实践证明，催肥添加剂的使用，可使日增重提高10%～20%，饲料转化效率提高8%～20%，从而可缩短肉牛的育肥期，取得更高的经济效益。在肉牛生产中主要使用以下几种饲料添加剂。

（1）饲草料调味剂。按每100千克秸秆喷入2～3千克含有糖精1～2克（注意不要过量）、食盐100～200克的水溶液，在饲喂前喷洒，所产生的鲜草香味，可提高牛的采食量，从而提高日增重。

（2）莫能菌素。莫能菌素（又叫瘤胃索），在牛消化道中几乎不吸收，因此，一般在组织中无残留，亦不存在可食性畜产品转移的问题。在对架子牛进行高精料育肥时应用莫能菌素，能增加丙酸的产生，减少饲料中蛋白质在瘤胃中的降解，从而增加过瘤胃蛋白质的总量，提高净能及氮的利用率，有利于营养物质的渗透和吸收，瘤胃中纤毛虫和细菌总数增加1～2倍。同时，还可以刺激脑下垂体分泌激素，促进生长发育，提高增重速率。每头牛每天用53～360毫克莫能菌素混于精料中，或把混有莫能菌素的精料与粗饲料混合喂，可节约饲料10%～11%，日增重可提高15%～20%。

（3）碳酸氢钠。牛瘤胃的酸性环境对微生物的活动有重要影响，尤具是当变换饲料类型而精料增加时，可使瘤胃的pH值显著下降，影响瘤胃内微生物的活动，进而影响饲料的转化。在肉牛饲料中添加0.7%碳酸氢钠后，能使瘤胃的pH值保持在6.2～6.8的范围内，符合瘤胃微生物增殖的需要，瘤胃具有最佳的消化机能，采食量提高9%，日增重提高10%以上。按碳酸氢钠66.7%、磷酸二氢钾33.3%组成缓冲剂，育肥第1期添加量占牛日粮干物质的1%，第2期添加0.8%日增重可提高15.4%，精料消耗减少13.8%，并使消化系统疾病的发病率大为减少。

（4）益生素。这是一种有取代或平衡胃肠道内微生态系统中一种或多种菌系作用的微生物制剂，如乳酸杆菌剂、双歧杆菌剂、枯草杆菌剂等，可激发自身菌种的增殖，抑制别种菌系的生长；产生酶、合成 B 族维生素，提高机体免疫功能，促进食欲，减少胃肠道疾病的发病率，具有催肥作用。添加量一般为牛日粮的 0.02% ~ 0.2%。

（5）非蛋白氮。用得最多最普遍的非蛋白氮是尿素。应用尿素等非蛋白氮可替代牛饲料中的一部分蛋白质，提高低蛋白质饲料中粗纤维的消化率，提高氮的保留量和增重。每 1 千克尿素的营养价值相当于 5 千克大豆饼或 5 千克亚麻子饼的蛋白质营养价值。当前的饲喂尿素方法有：按每 100 千克体重将尿素 20 ~ 30 克均匀混在精料中饲喂；或将混有尿素的精料与粗饲料混合；或直接把尿素用水溶解后混拌或喷洒在青干草上，或尿素、玉米与糖浆混合成液状饲料；或添加尿素制作育贮，添加量一般为青贮物湿重的 0.2% ~ 0.5%。如用尿素 3.4 ~ 4 千克、硫酸铵 1.5 ~ 2 千克分别配制成水溶液，掺入 1 吨青贮物中青贮，不仅增加了硫元素，还可减少尿素用量，降低成本，增重心提高 10% ~ 20%。

（6）矿物质添加剂。根据当地矿物质含量情况，针对性地选用矿物质添加剂。如果是舍饲，可以将矿物质添加剂均匀拌入精料中；如果是放牧，则可购买矿物舔砖补充。

（7）维生素添加剂。肉牛育肥日粮中应补充维生素。一般瘤胃可合成水溶性维生素，而缺乏脂溶性维生素，尤其饲喂秸秆为主要日粮的肉牛更易缺乏脂溶性维生素。饲喂酒糟多的牛必须补充维生素，尤其是维生案 A，可采用粉剂拌入饲料中饲喂。

5. 科学应用肉牛增重剂

增重剂为一种激素类制剂（玉米赤霉烯酮除外），按来源可将其分为 3 类：①动物体内产生的天然激素，如睾酮、雌二醇、孕酮等。②植物体内或霉菌体内产土的增重剂，目前我国已不许使用。③化学制剂，有己烯雌酚、己烷雌酚及其衍生物，此类增重剂在很多国家已被禁止使用。

肉牛增重剂的主要作用是调节体蛋白质的合成，促进肌肉生长、脂肪沉积，提高日增重和饲料转化率，但在肉牛生产中，世界各国对是否使用增重剂意见一直不一致。近年对各种增重剂在畜体内的残留量和安全性已有许多研究，认为内源激素大多安全有效，如人工合成的去甲雄三烯醇酮醋酸盐（trenbolone acetate，TBA），右环14酮酚及十八甲基炔诺酮。在使用肉牛增重剂时，要严格执行国家的有关规定。如使用牛羊EP增重剂，于育肥初期（距屠宰期120天以前）在耳根皮下埋植，有效期60~90天，可增重10%~20%。

模块六 牛群保健和疫病防治

一、牛群常规保健制度

（一）影响牛健康的因素

1. 饲养管理因素

（1）饲养管理水平。管理水平差的牛场，不按牛的品种、性别、年龄、强弱、阶段等分群饲养。饲料不能统一安排，储备不足，随意改动和突然变换饲料，使牛瘤胃内环境经常处于变化状态，不利于微生物的高效繁殖和连续性发酵，常引发瘤胃积食、瘤胃弛缓等胃肠病和营养代谢病。

（2）日粮与营养。肉牛的饲养需针对不同的生产目的、生理阶段，确定出相应的饲养标准，然后根据饲养标准确定日粮的营养水平和精粗比例。这一过程是一个动态的平衡过程，可适当调整。片面追求增重使精粗比例失调，可导致瘤胃酸中毒、酮病等。

（3）环境卫生与饮水。设计合理的牛场，除应具备各种生产功能外，还应具备良好的卫生环境，以利于杜绝各种疾病的发生与传播。牛舍要阳光充足，通风良好。牛舍阴暗潮湿，运动场泥泞，牛只拥挤，粪便堆积，易引发多种呼吸道疾病、蹄病和皮肤病。牛每天需要大量的饮水，有条件的牛场，应设置自动饮水装置，给予充足清洁的饮水，保证牛体健康。

（4）定期驱虫。每年春秋两季应各进行一次全群驱虫。驱虫前应检查虫卵，弄清牛群内寄生虫的种类和危害程度，有目的地选择驱虫药。如不定期驱虫，会使牛体消瘦，生长发育缓慢，生产性能下降，严重的会暴发寄生虫病。

（5）消毒与防疫。通过消毒杀灭病原菌，是预防和控制疫病的重要手段。有计划地给健康牛群进行预防接种，可有效抵抗相应的传染病。若消毒不严格情况下采取相应的防疫，会造成疫病流行，产生重大经济损失，甚至威胁人的身体健康。

2. 应激因素

应激是指牛体受到环境中的不良因素刺激所产生的应答反应，是机体对环境的适应性表现。环境应激一般会改变牛的生产性能，降低对疾病的抵抗力，故可增加疾病出现的几率及严重性。

（1）猝死性应激综合征。患畜食欲和精神正常，在很短时间内突然死亡，如急性瘤胃酸中毒。

（2）急性应激综合征。急性应激综合征多由营养缺乏、饲养管理不当或神经紧张等原因引起，如牛的胃溃疡。

（3）慢性应激综合征。慢性应激综合征的应激原作用微弱，但持续时间较长，反复出现。如热应激，可使牛代谢机能异常，疾病抵抗力下降，从而易感染疾病。

（二）牛群保健

肉牛疫病的发生，可增加生产成本，给牛场带来巨大的经济损失，因此，牛群保健在肉牛场的经营管理中占居重要的位置。牛群保健的核心是以防为主，防重于治。实施有效的牛群保健，对大幅度控制各种疾病，提高产品的产量和质量，降低经济损失。

1. 牛群保健必要性

牛群保健的宗旨，在于杜绝导致重大经济损失的疾病，减少一般性疾病的发生，提高牛场的经济效益。各地区各牛场的情况千差万别，导致牛场经济损失的疾病各不相同，没有通用的保健计划，只能根据本地区本场的实际情况自行拟定。牛场兽医师的职责不仅是治病，而更重要的是了解并分析本场本地区牛疾病的发生规律、危害情况，了解本地区本牛场各类疾病给牛场带来的损失状况，根据本场的实际情况，结合其他地区、其他牛场的相关经验，提出牛场的保健计划，参与牛群保健全过程的实施。

2. 牛场保健工作内容

（1）详实的记录。记录工作包括以下内容：①牛犊情况记录，包括牛犊号、出生日期、性别、出生重、母号、父号、防疫情况、每个月增重情况。②后备母牛情况记录，包括防疫情况、既往病史与治疗措施，不同月龄、体重的发情、配种情况、妊娠检查结果。③生产母牛情况的记录，包括产奶量、配种和繁殖情况、产后至第一次发情的时间、每次发情配种的时间，妊娠检查的结果，每次产犊的情况；每次防疫项目和时间、发病情况及治疗措施；各种疾病的发病时间和危害情况、病因、用药治疗情况、死亡原因和时间等。④病历档案记录。不少牛场无病历，或有也很零乱；多数牛场只有年、月的发病头数统计，但对每头牛某年（月）和一生中的不同阶段曾患疾病的种类记录不祥，不利于归纳分析，特别是对高产个体和群体的选育，很难从抗病力方而衡量牛的生产性能。建立健全系统的病历档案，不单是一项兽医保健措施，而且也是畜牧技术措施的主要内容之一，应和育种、产奶量等档案资料一样系统、详细地做好。

（2）兽医诊断工作。这对保持牛群健康有重要的作用。除对健康牛和病牛的常规检查之外，血清学试验和尸体剖检也是重要的诊断依据。

（3）疾病的监控措施。例如利用全自动生化分析仪，可以把牛的血液样本进行一系列的生化值测定，对牛疫病的辅助诊断起决定性作用，对代谢性疾病也有监控作用。

（4）制定疾病定期检查制度。每年春秋两季，各场应按时对结核病、布氏杆菌病等传染病进行检疫，并利用这两次检疫机会，在对畜群进行系统健康检查的同时，针对各场的具体情况，对血糖、血钙、血磷、碱储、肝功能等内容进行部分抽查。

3. 保健计划的制定

牛群保健的范围很广，从常规的防疫注射、消毒，到牛群的疾病监控、监测、治疗，都属于此类。每个肉牛场的管理、设备、技术水平和环境条件不同。牛群保健方案，要根据各个牛场实际情况需要而定，且应随条件的变化不断修改。

二、卫生防疫与免疫接种

（一）科学饲养管理

1. 坚持自繁自养

牛场或养牛户要选择健康的良种公牛与母牛，自行繁殖牛犊，防止引进牛时带入疫病，造成传播。自行繁殖时，必须注意防止近亲繁殖。也可利用杂交一代的杂种优势，提高牛种的品质和牛犊的成活率，以降低养牛的成本。

2. 引种时的检疫

（1）调运肉牛起运前的检疫。需调运的肉牛应于起运前 15～30 天内在原种牛场或隔离场进行检疫。在调运牛之前，应先调查了解该牛场近 6 个月内的疫情情况，若发现有一类传染病及炭疽、鼻疽、布鲁氏菌病等的疫情时，则停止调运。调运前要先查看调出牛的档案和预防接种记录，然后对所调牛群进行群体和个体检疫，并做详细记录。对要调运的牛应作临床检查和实验室检查的疫病至少要有：口蹄疫、布鲁氏菌病、蓝舌病、结核病、牛地方性白血病、副结核病、牛传染性胸膜肺炎、牛传染性鼻气管炎、牛病毒性腹泻－黏膜病，同时注意监测牛瘟、牛海绵状脑病。经检查确定为健康牛者，须办理"健康合格证"方可起运。

（2）肉牛运输时的检疫。肉牛装运时，当地动物检疫部门应派专人到现场进行监督检查，以防漏检牛、未检牛和检查不合格的牛调运。运载肉牛的车辆、船舶、机舱以及饲养用具等必须在装货前进行清扫、消毒，要求尽量达到无携带致病性病原菌的要求。经当地动物检疫部门检查合格，发给运输检疫证明。运输途中，不得在疫区车站、港口、机场装填草料、饮水和有关物资，包括给车加水，防止运输途中染上疫病。运输途中，押运员应经常观察牛的健康状况，发现异常及时与当地动物检疫部门联系，按《动物防疫法》的有关规定处理。

（3）肉牛到达目的地后的检疫。新引进的肉牛，到达目的地后，需隔离观察至少 30～45 天，经兽医检疫部门检查确定为健康牛后，方可供使用。

（4）禁止从疫区引进肉牛。疫区是指以疫点为中心，半径 3～5 千米范围内。疫区内的易感动物均有被感染的可能，貌似健康的肉牛也可能带有致病菌（病毒）。因此禁止从疫区引进肉牛。

3. 牛场管理

（1）日常管理。牛场不应饲养任何其他家畜家禽，并应防止周围其他动物进入场区。保持各生产环节的环境及用具的清洁，坚持每天刷拭牛体，定期护蹄、修蹄和浴蹄。

（2）人员管理。牛场工作人员应定期进行健康检查，发现有传染病患者应及时调出。

（3）饲养管理。按饲养规范饲喂，不堆槽，不空槽，不喂发霉变质和冰冻的饲料。应捡出饲料中的异物，保持饲槽清洁卫生。保证足够新鲜、清洁饮水，运动场设食盐、矿物质补饲槽和饮水槽，定期清洗消毒饮水设备。

（4）灭蚊蝇与灭鼠工作。杂草，填平水坑等蚊蝇滋生地，定期喷洒消毒药物，在牛场外围设捕杀点，消灭蚊蝇。定期投放灭鼠药，控制啮齿类动物。投放灭鼠药应定时、定点及时收集死鼠和残余鼠药，做无害化处理。

（5）病死牛处理。对于非传染病及机械创伤引起的病牛，应及时进行治疗，死牛应按照畜禽病害肉尸及其产品无害化处理的有关规定及时定点进行无害化处理。牛场内发生传染病后，应及时隔离病牛、病死牛应根据发生疾病的种类和性质采取销毁、深埋、焚烧等措施做无害化处理。

（6）废弃物处理。每天都应及时清除牛舍内及运动场污物和粪便，并将粪便及污物运送到贮粪场。废弃物应遵循减量化、无害化和资源化的原则处理。

（7）防疫、疫病档案管理。做好记录，包括疾病档案和防疫记录。主要记录牛的来源，饲料消耗情况，发病率、死亡率及发病死亡原因，无害化处理情况，实验室检查及结果，治疗用药及免疫接种情况。所有记录应在清群后保存2年以上。

（二）建立疫病预防制度

1. 牛场的卫生条件

（1）场区应具有清洁、无污染的水源。如需配备贮水设施如水塔、水罐等，每半年应清洗1次，并用0.1%次氯酸钠喷洒消毒1~2次，消毒后再反复用清水冲洗2~3次。

（2）场区内必须设有更衣室、厕所、淋浴室、休息室。更衣室内应按人数配备衣柜，厕所内应有冲水装置、非手动开关的洗手设施和洗手用的清洗剂。场内需设置专用的危险品库房、橱柜，存放有意、有害物品，并贴有醒目的"有害"标记。在使用危险品时需经专门管理部门核准并在指定人员的严格监督下使用。

（3）牛场谢绝参观，除牛只饲养、配种、兽医等以外的非生产人员一般不允许进入生产区。特殊情况下，确需进入的非生产人员需经淋浴消毒，更换衣、帽、鞋、袜后方可入场，并遵守场内的一切防疫制度。

（4）应建立规范的消毒方法。如牛场大门、生产区入口，要建宽于门口、长于汽车轮1.5周的水泥消毒池（加入适量2%氢氧化钠溶液），牛台入口建宽于门口、长15米的消毒池，生产区门口须建更衣室、消毒室和消毒池，以便车辆和人员更换作业衣、鞋后进行消毒。场内应建立必要的清洁、消毒制度。经常保持牛舍内通风良好、光线充足，每天1次扫卫生保持清洁，每月1次牛槽消毒，每月1次牛舍消毒，每年1次全场消毒。饲养场的金属设施、设备等可采取火焰、熏蒸等方式消毒；饲养场的圈舍、场地、车辆等可选用2%氢氧化钠溶液、1%～2%甲醛溶液、10%漂白粉、10%～30%石灰乳、1%～3%来苏尔、0.3%新诺灵等有效消毒药喷洒消毒；墙壁心用20%生石灰乳粉刷；对饲养用具、牛栏（床）等以3%氢氧化钠溶液、3%～5%来苏尔溶液进行洗刷消毒2～6小时，运动场可在除去杂草后，用2%氢氧化钠溶液或20%个石灰进行消毒；饲养场的饲料、垫料等可采取深埋发酵或焚烧处理；污染的粪便应堆积在距离牛舍较远的地方，采取堆积密封发酵方式进行生物热发酵消毒。

（5）为了防止动物疫病（动物传染病和寄生虫病）传播，牛场内不准屠宰和解剖牛只。确需屠宰或解剖的，经检疫，合格者送屠宰场宰杀，不合格者，需解剖的送解剖室或指定地点解剖，采取焚烧、深埋等无害化措施处理。

（6）外来或购入的牛需有兽医检疫部门的检疫合格证，需经隔离观察30～45天，并经兽医检疫部门检疫确认无传染病时方可并群饲养。

2. 免疫计划

（1）建立计划免疫接种制度。免疫接种是给牛接种各种免疫制剂（菌苗、疫苗和免疫血清等），使牛产生对各种传染病的特异性免疫力。牛场应制定切合实际的牛传染病的免疫程序，并做好免疫接种前、后的免疫监测工作，以确定最佳免疫时机。免疫接种分常规免疫和紧急免疫，接种方法有皮下、肌内注射、口服、饮水、喷雾吸入等。注射接种适用于规模较小的牛场和养牛专业户，必须头头注射。大型牛场，为节省时间和人力，减轻工作强度，可根据疫（菌）苗的使用说明来用简单有效的饮水和气雾免疫进行免疫接种，如牛布鲁氏菌菌苗的饮水免疫和气雾免疫等，均可获得良好的免疫效果。在预防接种后，要观察被接种牛的局部和全身反应。局部反应是接种局部出现一般炎症变化（红、肿、热、痛）；全身反应则呈现体温升高、精神不振、食欲减少等。紧急接种是指发生传染病时，为迅速控制和扑灭疫病的流行而对疫区和受威胁区尚未发病的动物进行的应急性免疫接种。应用疫苗接种时，必须先对牛群逐头进行临床检查、测温，只能对无任何临床症状的牛进行接种，对患病牛和处于潜伏期的牛，不能接种，应立即隔离治疗或扑杀。

（2）影响免疫接种效果的因素。影响免疫接种效果的因素很多，不但与疫苗的种类、性质、接种途径、免疫程序、运输保存有关，而且与牛的年龄、体况、饲养管理条件等因素也有密切关系。如活疫苗免疫力产生快，持续时间长，易受母源抗体的影响；灭活苗免疫力产生慢，持续时间短，但不受体内原有抗体的影响。疫苗由于生产、运输、保存不当，尤其是活苗，可使其中的微生物大部分死亡，影响免疫效果。免疫接种途径错误，或免疫程序不合理，或同时接种两种以上的疫苗，或接种多价苗、联合苗时，有时几种抗原成分之间会起免疫反应，可能被另一种抗原性强的成分产生的免疫反应所掩盖等，都可能影响免疫接种的效果。给成年、体质健壮或饲养管理较好的牛接种，可产生较坚强的免疫力；而幼年、体质弱的、有慢性疾病或饲养管理卫生条件差的牛群接种，产生的免疫力就要差，有时还可引起较严重的接种反应。此外，在进行免疫接种时，需登记接种日期、疫苗名称、生产厂家、批号、有效日期、剂量和方法等，并注明已接种和未接种的牛，以便观察免疫接种反应和预防效果，分析可能发生问题的原因。

（3）计划免疫与免疫程序。计划免疫是指根据当地牛病的流行情况和危害程度，对所有的牛群进行传染病的首次免疫（首免，即基础免疫）及随后适时地加强免疫（复免或二免），以确保全部牛从出生到屠宰或淘汰获得可靠的免疫，使预防接种科学化、计划化和全年化。牛场如不开展计划免疫，必然会出现漏种、错种和不必要的重复接种，影响预防效果。免疫程序，是指对牛场的牛根据其常发的各种传染病的性质、流行病学、母源抗体水平、有关疫苗首次接种的要求以及免疫期长短等，制定的从出生经青年到成年或屠宰全过程，各种疫苗的首免日龄或月龄、复免的次数和接种时期等配套的接种程序。免疫程序同样应根据本地区的实际疫情，结合疫苗的性能，进行制定。

（4）肉牛常用疫（菌）苗的使用方法、保存期限和免疫期肉牛疫苗的使用，应严格按照疫苗的使用说明进行。下面就肉牛常用疫苗的使用方法、保存期限和免疫途径如表6-1所示。

表6-1 牛常用疫苗和免疫方法

疫苗名称	用法和每头用量	免疫期
第二号炭疽芽孢苗	颈部皮下注射1毫升	1年
气肿疽明矾菌苗	颈部皮下注射5毫升	每年1次，6月龄以前注射到6月龄在注射1次
牛出血性败血病疫苗	颈部或皮下注射，100千克以下注射4毫升，100千克以上注射6毫升	9个月
牛副伤寒疫苗	肌内注射，1岁以下牛2毫升，1岁以上第一次2毫升，成年牛3毫升	6个月
牛O型口蹄疫灭活疫苗	肌内或皮下注射，1岁以下的牛犊肌内注射2毫升，成年牛3毫升	牛犊4~5个月龄首免，20~30天后加强免疫1次，以后没6个月免疫1次
牛流行热疫苗	成年牛4毫升，牛犊2毫升，颈部皮下注射3周后进行第2次免疫	1年
布氏杆菌羊型5号毒冻干苗	肌内或皮下注射，每头250亿活菌	1年
伪狂犬疫苗	颈部皮下注射，成年牛10毫升，牛犊8毫升	1年

（续表）

疫苗名称	用法和每头用量	免疫期
牛肺疫兔化弱毒冻干苗	用 50 倍生理然水稀释，成年牛臀部肌内注射 1 毫升，6～12 月龄牛 0.5 毫升	1 年
狂犬病灭活疫苗	臀部肌内注射 20～50 毫升	6 个月

3. 药物预防

（1）化学预防。药物预防又称化学预防，是对某些传染病的易感动物群投服药物，以预防或减少该传染病的发生。在尚无疫苗或虽有疫苗但应用还有问题的传染病的预防上，药物预防是一项重要措施。随着群体诊断技术的应用，群体防治已成为高度流行性传染病的一项重要防制方法。群体防治是将安全价廉的化学药物，加入饲料或饮水中进行群体化学防治，既可减少损失，又可达到防制疫病的日的。群体防治是防疫的一个较新途径，对某些疫病在一定条件下采用，可收到良好的效果。常用于生产的预防药物有呋喃类、磺胺类和抗生素等，可用于预防和治疗沙门氏菌病、大肠杆菌病、牛魏氏梭菌病、恶性水肿等，将药物拌入饲料或饮水中喂服。应当指出，长期使用化学药物预防，容易杀灭牛瘤胃中的纤毛虫，影响瘤胃的消化功能；产生耐药性菌株，影响防治效果。因此，必须根据药物敏感试验结果，选用高度敏感性药物进行防治。另外，长期使用抗生素等药物进行动物疫病的预防，形成的耐药性菌株一旦感染人，常常会贻误疾病的治疗，这样可能对人类健康造成一定的危害。

（2）生态预防。利用生态制剂进行生态预防，是药物预防的一条新途径，目前多用在牛犊腹泻病的防治上。所谓生态制剂，即是利用对病原菌具有生物拮抗作用的非致病性细菌，经过严格选择和鉴定后而制成的活菌制剂，牛内服后，可抑制和排斥病原菌或条件致病菌在肠道内的增殖和生存，调整肠道内菌群的平

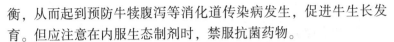

衡，从而起到预防牛犊腹泻等消化道传染病发生，促进牛生长发育。但应注意在内服生态制剂时，禁服抗菌药物。

4. 定期驱虫

驱虫是在肉牛体内或身体上杀灭寄生虫的措施。驱虫应做到：在有隔离条件的专门场所驱虫；肉牛驱虫后应隔离一定时间，直至寄生虫和卵囊排完为止；驱虫后肉牛排出的粪便和病原物质均应集中进行无害化处理，粪便宜采用生物发酵的方法消毒；大规模驱虫时一定要先进行小范围的驱虫试验，对驱虫药物的剂量、用法、驱虫效果及毒别作用有一定认识后再大规模应用；驱虫应根据当地寄生虫的流行特点选择适当的时间。

5. 预防中毒

（1）防止农药中毒。防止农药中毒应做到：严格防止饲料源被农药污染；严格控制青饲料的来源，已知喷洒过农药的饲料作物或青草，不能立即刈割。

（2）防止饲料中毒。常见的饲料中毒有霉饲料中毒、棉籽饼中毒、马铃薯中毒、有毒植物中毒等。预防办法有：贮放饲料间要干燥、通风，温度不宜过高，以防饲料发生霉败，饲料出现发霉就应废弃，严禁饲喂；日粮中不能以棉籽饼作为主体精料，饲喂棉籽饼应先脱毒；马钟薯应存放在干燥阴凉处，防止发芽、变绿，不用发芽、变绿和腐烂的马铃薯喂牛，应用马铃薯茎叶做饲料时，喂量不宜过大，或用开水浸泡后再喂；了解本地区的毒草种类，饲喂人员要提高识别毒草的能力，凡怀疑有毒的植物，一律禁喂。

（3）防止鼠药中毒。灭鼠药毒性大，牛误食后可引起出血性胃肠炎或急性致死。在牛舍放置毒鼠饵时，要特别注意，勿使牛接触误食；饲料间内严禁放置灭鼠毒饵，以防污染饲料。

（4）中毒的一般救治原则。牛发生中毒后，在确诊的基础上，而不失时机地进行紧急救治，一般原则如下：促进毒物排出，减少毒物吸收；应用解毒剂；放血、利尿；维护全身机能，对症治疗。

6. 建立健全疫病监测制度

（1）日常监测制度。牛场的兽医技术人员应每天早晚深入牛舍巡视，检查舍内外卫生状况，观察牛群精神、运动、采食、饮水及粪便馆况，结合饲养员的报告，及时将异常变化的牛剔出，送隔离舍观察，进行确诊和处理。对病死牛及时进行解剖、化验，做好记录，了解疫情动态，特别在牛场周围有疫情时，更应提高警惕。兽医技术人员在对病死牛刻检、化验的同时，还应仔细察看疫区的情况，以便进一步了解牛病发生的经过和关键问题所在。进行现场察看时，应特别注意饲料的来源和质量，水源的卫生条件，粪便和尸体的处理等。

（2）实验室监测技术。实验室监测应着重抓好以下几方面工作。①牛场应建立兽医诊断室，应用微生物学、寄生虫学、血清学和病理学等方法对传染病和寄生虫病进行检疫和监测。②牛场应结合当地牛病发生、流行的实际情况，制定疫病监测方案。每6个月对重点疫病，如口蹄疫、布病、结核病等，按部分操作规程检疫监测一次。以便掌握疫情动态，及时采取防制措施。③常规的体内和体外寄生虫监测应当每个季度进行一次，可采用粪便寄生虫卵囊检测，对虱子和在皮肤上掘洞的疥螨的目视检查，其检查可以在兽医对牛群的每天巡视中完成。④牛场常规监测的疾病至少应包括：口蹄疫、蓝舌病、炭疽、牛白血病、结核病、布鲁氏菌病。每年春季和秋季对全群牛进行布鲁氏菌病和结核病检验各 1 次，在健康牛群中检出的阳性牛扑杀、深埋或火化；非健康牛群的阳性牛及可疑牛可隔离分群饲养，逐步淘汰净化。

（三）严格执行消毒制度

1. 消毒剂的使用

消毒剂应选择对人、肉牛和环境比较安全、没有残留毒性，对设备没有破坏，在牛体内不应产生有害积累的消毒剂。可选用的消毒剂有：次氯酸盐、过氧乙酸、生石灰、氢氧化钠（火碱）、高锰酸钾、硫酸铜、新洁尔灭、福尔马林、环氧乙烷、酒精和来苏儿等。

2. 消毒方法

（1）喷雾消毒。一定浓度的次氯酸盐、有机碘混合物、过氧乙酸、新洁尔灭、煤酚等，用喷雾装置进行喷雾消毒，主要用于牛舍清洗完毕后的喷洒消毒、带牛环境消毒、牛场道路和周围环境及进入场区的车辆。

（2）浸液消毒。用一定浓度的新洁尔灭、有机碘混合物或煤酚水溶液，进行洗手、洗工作服或胶靴。

（3）紫外线消毒。对人员入口处常设紫外线灯照射，以起到杀菌效果。

（4）喷洒消毒。在牛舍周围、入口、产床和牛床下面撒生石灰或火碱杀死细菌或病毒。

（5）生物热消毒。主要用于肉牛场的污物和粪便的消毒，常采用发酵池法和堆粪法进行消毒。

3. 消毒制度

（1）环境消毒。牛舍周围环境每周用2%火碱消毒或撒生石灰1次；场周围及场内污水池、排粪坑和下水道出口，每月用漂白粉消毒1次。在大门门和牛舍入口设消毒池，使用2%火碱。

（2）人员消毒。工作人员进入生产区应更衣和紫外线消毒，工作服不应穿出场外。外来参观者进入场区参观应彻底消毒，更换场区工作服和工作鞋，并遵守场内防疫制度。

（3）牛舍消毒。牛舍在每班牛只下槽后应彻底清扫干净，定期用高压水枪冲洗，并进行喷雾消毒或熏蒸消毒。

（4）用具消毒。定期对饲喂用具、料槽和饲料车进行消毒，可用0.1%新洁尔灭或0.2%~0.5%过氧乙酸消毒日常用具。

（5）带牛环境消毒。定期进行带牛环境消毒，可用于带牛环境消毒的药物有：0.1%新洁尔灭，0.3%过氧乙酸，0.1%次氯酸钠。

（6）牛体消毒。助产、配种、注射治疗及任何对牛进行接触性操作前，应先将牛有关部位如颈部、阴道口和后躯等进行消毒擦拭，保证牛体健康。

（四）牛病控制和扑灭措施

牛场发生疫病或怀疑发生疫病时，应及时采取以下措施：驻场兽医应及时对发病牛进行全面的临床检查，及时隔离，必要时进行病尸解剖，采集血液利病料进行检查；本场不能确诊时，应将病料送有关部门检验、确诊，确诊为传染病时，应按《动物防疫法》有关规定尽快向当地兽医行政管理部门报告疫情并迅速采取扑灭措施；被病牛污染的场地、牛舍、牛槽及用具等要彻底消毒，死牛、污染物粪便、垫草及余留饲料应烧毁或深埋，发病牛场必须停止出售种牛或外调，谢绝参观，待病牛治愈或全部处理完毕，全场经过严格的大消毒后两周，再无疫情发生时，最后进行大消毒1次，方可解除封锁。

三、常见内科病防治

（一）一般内科疾病的防治

1. 口炎

【病因】口炎是口腔黏膜表层或深层的急性炎症，大多是出于饲养管理不当造成。如牛吃了粗硬尖锐饲料；饲料中混有木片、玻璃等杂物，各种机械损伤，刺激性药品，有毒植物，霉败饲料所致。此外，也可继发于某些传染病。

【诊断要点】根据典型症状如流涎、口腔黏膜溃烂，即可诊断，但应注意与口蹄疫的鉴别。口蹄疫多发了冬春季节，常于口腔内齿龈部、颊部、舌部出现水泡，水泡破溃后，表皮脱落，留下鲜红色烂斑。此外，在蹄部、乳头等处可见水泡或烂斑。

【治疗】首先应去除病因，给予优质饲料，然后药物治疗，方法有：①用2%硼酸溶液，0.3%高锰酸钾溶液或1%~2%明矾溶液小洗口腔，然后涂布碘甘油或紫药水。②青黛散内服。③全身体温升高可注射抗菌素治疗。

【预防】防止口腔黏膜创伤，注意饲料的加工调制，禁喂发霉腐败饲料。

2. 食道阻塞

【病因】食道阻塞是食团或异物突然阻塞于食道的一种疾病。主要是由于饥饿吃草太多太急，吞咽过猛，使食团或块根、块茎类饲料未经充分咀嚼所引起。另外，食道麻痹、食道痉挛、食道狭窄等也可引起本病。

【诊断要点】病牛突然停止采食，烦躁不安有时空口咀嚼、咳嗽或伴有臌气。阻塞部位如在颈部食道，可在左侧食道沟摸到硬块。送入胃管后，如果食道胃管插入受阻，即可确定阻塞部位。该病应与瘤胃臌气鉴别诊断，特别是在非完全阻塞而胃管又能下送时要特别小心。两者虽然都出现瘤胃臌气，但食道阻塞有口流泡沫，精神紧张。多次胃管探诊，亦有受阻现象。

【治疗】根据阻塞的性质和部位不同，可采取下列几种方法：①挤压吐出法。适用于块状饲料所致的颈部食道阻塞，挤压之前先通过胃管送入2%的普鲁卡因10毫升，石蜡油50~100毫升。然后用胃管缓慢推送阻塞物，向头方向挤压阻塞物，使阻塞物上移经口吐出。②直接取出法。该法适用于咽部食道阻塞。用开口器将口打开，固定好牛头和开口器、一人用手按压阻塞物使之上移，另一人伸手入咽，夹取阻塞物。③推进法。阻塞物在胸部食道时，可通过胃管先灌入2%普鲁卡因10毫升，食用油50~100毫升，然后用胃管缓慢推送阻塞物，将其顶入胃中。④打气法。将胃管插入食道。露于外部的一端接在打气筒上打气，利用气体将阻塞物推入胃中。

【预防】杜绝牛可能采食块根饲料或异物的途径。

3. 瘤胃积食

【病因】牛瘤胃积食是以瘤胃积食过量的饲料，致使瘤胃容积扩大、胃壁扩张、运动机能障碍为特征的疾病。主要是采食过多的或易于膨胀的饲料或难以消化的饲料引起，如果食后又给予大量饮水更易诱发本病。也有的是消化力减弱，采食大量饲料又饮水不足所致。此外，瘤胃弛缓、瓣胃阻塞、创伤性网胃炎、真胃炎等均可继发本病。

【诊断要点】食欲、反刍减少或停止，鼻镜干燥，有时出现腹痛不安，摇尾弓背，回头看腹，后蹄踢腹，粪便干黑。触诊瘤胃胀满、坚实，但重压可成坑，听诊瘤胃蠕动音减弱或消失，叩诊呈浊音，直肠检查可见瘤胃体积增大后移。如果病程延长，瘤胃可产生有害气体，全身中毒加剧，呼吸困难，站立不稳，步态蹒跚，肌肉震颤，眼窝深陷，全身衰竭，卧地不起。

【治疗】治疗原则是恢复胃肠功能，消食化积，防止自体中毒和解除脱水。具体方法如下：①10%氯化钠溶液500毫升与10%安纳咖溶液20毫升混合，一次静注。②硫酸镁500克，鱼石脂30克，石蜡油1 000毫升加水一次灌服。③当病牛脱水、中毒时，可用下方：葡萄糖生理盐水1 500毫升，5%的碳酸氢钠500毫升，25%的葡萄糖500毫升，10%安钠咖20毫升混合，一次静注。

【预防】应严格饲喂制度，精料不宜过量，更换饲料应逐渐进行。

4. 前胃弛缓

【病因】前胃弛缓是指前胃机能紊乱而表现出兴奋性降低和收缩力减弱的一种疾病。主要是长期饲喂单纯劣质粗硬难于消化的饲料，或饲料搭配不合理，糟粕类饲料及精料饲喂过多，粗饲料不足。牛只采食量少，突然更换饲料。牛只采食过多，瘤胃负担过重及饲料发霉变质、冰冻饲料都可引起本病的发生。

也可继发于创伤性心包炎，瓣胃阻塞，真胃积食，以及某些传染病。

【诊断要点】食欲减少或者废绝，表现食欲异常，有的吃料而不吃草。有的吃草而不吃料。听诊瘤胃蠕动音异常。一种是蠕动音频繁而力量微弱；另一种是蠕动音减小、次数减少。先便秘，后拉稀，或便秘拉稀交替发生，便秘时粪球小。色黑而干，拉稀时量少而软，有时有未消化的饲料。机体消瘦明显。

【治疗】治疗原则是：消除病因、兴奋瘤胃、加强瘤胃功能、防腐止酵，防止机体酸中毒。具体措施：①先停食 1～2 天，再给予少量优质多汁饲料。②静注促反刍液 500 毫升。③皮下注射 0.1% 氨甲酰胆碱 1～2 毫升或 3% 毛果云香碱 2～3 毫升。④50% 葡萄糖 300～500 毫升，维生素 C 1 000 毫克一次静注。

5. 瘤胃鼓气

【病因】本病为大量采食苜蓿、甘薯秧等易发酵产气的饲料；或饲喂大量未经浸泡的豆类饲料；饲喂发霉变质的饲料。也可继发于创伤性网胃炎等。

【诊断要点】采食后不久腹部急性臌胀、呼吸困难，叩击瘤胃紧如鼓皮，声如鼓响，触诊有弹性，腹壁高度紧张。严重时可视粘膜发绀。后蹄踢腹，呻吟，四肢张开、甚至张口吐舌、口角流涎。病至后期，患畜沉郁，不愿走动，有时突然倒地窒息，痉挛而死。继发性膨胀，病状时好时坏，反刍减少或废绝，一旦膨胀消失食欲又可自行恢复。

【治疗】治疗原则：排气减压，防腐止酵，强心补液，健胃消导，防止自体中毒。具体方法如下：①胃管放气将开口器固定于口腔，胃管从口腔直接伸入口中，术者可上下、左右移动胃管。助手随胃管移动，以手用力按压左侧腹壁，气体即可经胃管排出。待腹围缩小后，可将药物经胃管注入。②穿刺法于左肷部突出部剪毛，5% 碘酒消毒，将 16 号封闭针垂直刺入瘤胃内，入针深度以穿透胃壁，能放出气体为限。放气时应使气体徐徐排出。最后用左手指紧压腹壁，拔出针头，局部消毒。③药物治疗：硫酸镁 500 毫升、鱼石脂 30 克、加水一次灌服。液体石蜡 1 000 毫升，鱼石脂 30 克，蓖麻油 40 克，加水灌服。食醋 1~2 千克、植物油 500~1 000 克，一次灌服。生石灰 300 克，加水 3 000~5 000 毫升，溶化取上清液灌服。

6. 牛创伤性网胃炎

【病因】本病是患畜吃下尖锐硬质异物，如铁丝、铁钉、玻璃等很快转入网胃，并进一步损伤或刺穿网胃壁所引起。同时，较长的异物可穿透胃壁，横隔膜，刺伤心包、脾、肝、肺等处，造成创伤。

【诊断要点】本病一般发病缓慢，初期没有明显变化，日久则精神不振，食欲反刍减少。瘤胃蠕动音减弱或停止，并经常出现反复性的膨胀。病情严重时，除出现前胃弛缓症状外，还有弓背、呻吟。用拳捶击剑状软骨左后方，病牛表现疼痛、躲闪。站立时，肘关节开张，下坡转弯走路或卧地时，表现非常小心，起立时多先起前肢。粪量减少，干燥。呈褐色或暗黑色，常覆盖一层黏液。

【治疗】对未穿透胃壁的，可用瘤胃取铁器取出铁丝等，并同时注射抗生素类药物进行消炎。对已穿透胃壁的或非金属性异物的，可行瘤胃切开术取出异物。

【预防】由于本病治疗较为困难，故应加强预防，在饲喂前注意清除饲料中的坚硬异物。

7. 瓣胃阻塞

【病因】本病多因长期、过多饲喂粗糙干硬的饲料，如粉状的糠麸、高粱、未经磨碎的豆类，而且饮水不足，以致胃内水分损失过多引起瓣胃燥结。也可继发于真胃变位、前胃弛缓、某些寄生虫和传染病。

【诊断要点】初期鼻镜干燥，被毛竖立，干燥无光，食欲、反刍减少。后期反刍停止，口色灰白，鼻镜干裂。触诊，特别是叩诊重瓣胃部位常引起疼痛不安。听诊瓣胃时、蠕动音极弱或完全消失。大便干黑，粪球小如算盘珠，粪球上附着黏液及少量黏液。直肠检查，肛门和直肠紧缩、空虚。肠壁干燥，或附着干润粪片。

【治疗】治疗原则是增强前胃功能，促进瓣胃内容物排除。具体措施：①硫酸镁或硫酸钠 800～1 000 克，加水 5 000 毫升，一次灌服。②人工盐 500 克，酒石酸锑钾 800 克，一次灌服。③5% 葡萄糖生理盐水 2 000 毫升一次静脉注射。④对慢性秘结者可用胡萝卜叶或青菜叶连喂 7 天，有利于粪便软化。

8. 皱胃炎

【病因】本病为皱胃的黏膜和黏膜下层发生变化或形成溃疡，使皱胃的分泌和运动机能发生紊乱。主要为采食腐败、霉烂饲料、或冰冻的块根饲料，或采食过多精料，青贮料喂量过多成突然变更饲料，食物中或饮水中混有有毒物质。某些传染病和寄生虫病也常继发本病。

【诊断要点】食欲反刍减退或消失，体温升高，但耳根及四肢末端变凉，口渴喜饮，持续性腹泻，有时有腹痛。粪便先为糊状如"煤焦油"样，后则稀如水样，粪便混有黏液、血液或浓性物，有恶臭味。由于病牛严重脱水或酸中毒，眼球下陷，四肢无力，呼吸困难，心跳加快，最终衰竭而死亡。本病应与其他胃肠炎、霉菌性中毒、沙门氏菌病、球虫病等鉴别诊断。

【治疗】治疗原则：消炎、补液、解除酸中毒。具体措施：①磺胺咪。每天 3 次，每次 30～50 克灌服；牛犊第 1 天 10 克，以后每天 5 克。②黄连素。每日 3 次，每次 4～8 克灌服。③如有脱水和酸中毒，采用葡萄糖生理盐水 3 000～5 000 毫升或复方氯化钠 2 000 毫升。25% 葡萄糖溶液 1 000 毫升，10% 安纳咖 20～40 毫升，维生素 C2 克混合一次静注，接着再静注 3～5% 碳酸氢钠 300～500 毫升。

9. 支气管炎

【病因】牛在深秋和早春受寒感冒及各种理化因素刺激引起

上呼吸道炎症。还可继发于某些传染病和肺线虫病。

【诊断要点】体温稍升高，病初精神不振。食欲、反刍减少，干痛短咳，轻微刺激常可引起持续的阵发性咳嗽。有黏液或脓性鼻液流出。听诊，病初肺泡音增强，呈干性啰音，随着渗出物的增多而变为湿啰音。叩诊无变化。全身症状微轻。

【治疗】治疗原则；消炎止咳，制止炎性物渗出或促进炎性物渗出物吸收。具体措施：①为控制感染、可肌内注射青、链霉素。青霉素100万~200万单位，牛犊减半，每日2次，连续7~10天。链霉素牛犊日用量为2克，成牛为8克，均分两次肌内注射，同时可结合静脉注射10%磺胺噻唑钠100毫升，也可以口服长效磺胺，剂量为0.1克（每千克体重），首次量加倍，每日1~2次。病情严重时，可选用庆大霉素或红霉素等。②祛痰止咳，可用氯化氨10~25克内服。③静注5%的氯化钙100~200毫升，或10%的葡萄糖酸钙100~200毫升。④制止渗出，促进炎性渗出物的吸收，内服碘化钾5~10克。

10. 支气管肺炎

【病因】支气管肺炎是支气管和个别肺小叶或小叶群肺泡同时发生的炎症。病因与支气管炎基本相同。

【诊断要点】本病以秋冬两季多发，还应根据当地是否有传染病或寄生虫病的流行考虑是原发还是继发。病初呈支气管炎的症状，随着病情加重，体温升至40℃以上、呈弛张热。呼吸迫促，食欲减退或废绝。有阵发性咳嗽，流灰白色黏性鼻涕，鼻液不易凝固。听诊肺泡呼吸音减弱，病初有湿性啰音。当肺泡内被渗出物充满时，任何呼吸音都可能听不到，叩诊胸部即可引起咳嗽，并可发现局限性浊音区。

【治疗】本病的治疗原则及方法基本与支气管炎似。

11. 中暑

【病因】中暑是日射病和热时病的总称，牛在炎热的夏季受日光直接持久的照射，反射性引起体温升高，并导致散热的调节障碍，从而出现全身症状称为日射病。因热的散失受到障碍而引起的中枢神经系统，循环系统和呼吸系统机能障碍，称为热射病。

【诊断要点】日射病：病牛表现精神沉郁，拒食，伸颈磨牙，口吐白沫抵墙、出汗。热射病：牛发病突然，低头沉郁，神昏肉颤，步态蹒跚，呼吸困难，脉搏微弱，眼结膜高度充血，瞳孔初散大后缩小，醉痴倒地。

【治疗】本病的治疗原则是降温，缓解心、肺、脑的机能障碍。具体措施：①发病后迅速将牛转移到通风阴凉处，不断往牛体洒凉水，头部敷以冷水毛巾，用1%的冷盐水灌肠和内服。②静脉放血1 000～2 000毫升，然后再注入复方氯化2 000～4 000毫升，应注意强心和兴奋，可先注射10%安钠咖20毫升或10%樟脑磺酸钠20毫升。如需缓解脑水肿，可静注50%葡糖糖溶液100毫升或25%甘露醇溶液。

【预防】在炎热的夏季，牛在舍外运动时间不宜过长，保持牛舍通风良好。

12. 骨软症

【病因】骨软症是家畜钙、磷代谢紊乱的一种营养代谢病。主要是由于某些地区土壤中缺钙或由于长期饲喂精料、多汁饲料而不注意补钙或钙、磷比例不当所引起。母牛在妊娠后期因胎儿生长对钙、磷需要量增加，可使钙、磷相对缺乏。此外，维生素D不足，长期消化紊乱也可引起本病。

【诊断要点】发病比较缓慢，病初症状较轻，生长发育缓慢，全身软弱无力，运步不稳，卧地不愿行走，关节肿大，尾巴变软，有异食癖等。病程中后期四肢关节变形，前肢管状骨弯曲，关节变大，后肢呈X形，脊柱弯曲，骨盆骨变形，左右不对称。

【治疗】具体措施：①病轻的可在饲料中补充钙剂如葡萄糖酸钙、乳酸钙、碳酸钙、骨粉、贝壳树或蛋壳粉等。供给钙、磷丰富的饲料如给苜蓿干草或青干草。牛舍要清洁干燥，通风良好。病牛要多晒太阳，另外要及时治疗消化道疾病。②病重者可口服鱼肝油，每日2次、每次5～10毫升、或肌内注射维生素D或维生素AD3～8毫升，每日1次，连用数日。也可注射10%葡萄糖酸钙静脉200～400毫升，隔日1次，连用数日。

13. 维生素A缺乏症

【病因】维生素A缺乏症足由于肉牛体内缺乏维生素A而引起牛犊发育不良和眼病，常发生于干旱年份，缺乏青绿饲料而长期饲用干草的牛，以及肠道吸收功能障碍的病牛（如慢性腹泻等）。

【诊断要点】①早期症状是夜盲、不久视觉完全丧失，瞳孔散大。②角膜干燥，上皮组织增厚，眼混浊、流泪。有稀薄的黏性眼屎，严重的会失明。③皮肤粗糙，皮屑增多。④体重减轻、虚弱，生长缓慢，发育不良，繁殖力降低。

【防治】具体措施：①立即更换调料，供给优质青干草、青贮料、胡萝卜、南瓜、黄玉米等，一般轻症更换饲料后即可自愈。②重症病牛，在更换饲料的同时要口服鱼肝油50～100毫升，每日2次。或用维生素A注射液5万～10万单位肌内注射，每日2次，连用7天。③预防主要是供给青绿饲料，特别是妊娠母牛，在冬季则补充青干草，青贮料或加喂胡萝卜。

14. 白肌病

【病因】白肌病是由于维生素E和微量元素硒缺乏引起，多发生于出生后数天至2月龄的牛犊，冬末春初青绿饲料缺乏时最易发病、舍饲牛维生素E缺乏，产下的牛犊更易发生。

【诊断要点】①急性型。病牛在运动中突然死亡，死前无任何症状。有时在白天仅表现沉郁，呼吸时呻吟，不吃草料而于夜间死亡。②亚急性型。精神沉仰，心跳加快，常卧地不起，运动不灵活，强迫行走时，四肢肌肉痉挛且有疼痛感，步态僵硬，关节不能伸直。触诊四肢及背腰部肌肉可感硬而肿胀，引起痛感。③慢性型。表现精神不振，食欲降低，渐进性消瘦，喜卧，步态不稳，眼结膜苍白，并有轻度黄染，有的严重腹泻。

【防治】具体措施：①立即皮下注射维生素 E 0.5～1 克，每日 1 次，连用 3～4 天。②肌内或皮下注射 0.1% 亚硒酸钠 60 毫克。③在发生过白肌病的地区，每年冬季要给怀孕母牛补饲麦芽、燕麦、或青草，或者每天给怀孕母牛注射维生素 E1 次，每次用 200～250 毫克，产前 2 个月，每 20 天皮下注射 0.1% 亚硒酸纳 8～14 毫克。牛犊出生后皮下注射 0.1% 亚硒酸钠 5～10 毫克和维生素 E 50～100 毫克，均能收到较好的预防效果。另外要及时治疗牛犊消化道疾病。

（二）常见中毒病的防治措施

1. 有机磷中毒

【病因】有机磷中毒主要是误食喷洒过有机磷农药的青草和在消灭体表寄生虫、驱赶蚊蝇时喷洒药物过多或浓度过高所致。

【诊断要点】①突然发病，流涎流泪，鼻孔和口角有白色或粉红色泡沫。食欲废绝，瘤胃蠕动减退，反刍停止。不断回顾腹部。腹泻，排出恶臭呈深绿色或黑色混有血丝的粪便。瞳孔缩小，猛冲猛撞，黏膜发绀，肌肉震颤，呼吸困难，狂躁不安，全身出大汗。最后因呼吸中枢麻痹而死。②病牛呼出的气体，分泌物、皮肤可闻到大蒜味。③剖检时胃内容物可闻到蒜臭味，胃肠黏膜大片充血、出血、肿胀。黏膜极易剥离，心肌出血，肝、脾肿大。肺充血出血，支气管内有白色泡沫。

【治疗】具体措施：①应用特效解毒剂如解磷定、氯磷定，按每千克体重 0.015～0.03 克用生理盐水制成 10% 的溶液，缓慢的静脉注射，每 2～3 小时注射一次，直到症状消失。②按每千克体重 15～30 毫克肌内或静脉注射双复磷。或每下克体重 5 毫克双解磷肌内注射。③皮下或肌内注射硫酸阿托品 15～30 毫克。④经皮肤中毒的要立即用 5% 石灰水或肥皂水刷洗皮肤。⑤除使用上述持效药外，还应对症进行治疗。

2. 砷中毒

【病因】砷中毒是由于牛误食含砷农药或吃了喷洒过砷化钙的饲料、饲草或饮用了砷化合物污染的水造成。

【诊断要点】①急性中毒。牛在误食后约半小时，即出现中毒症状，主要呈现呕吐、流涎、流鼻液、黏膜充血、发黄、肿胀、出血、腹痛、水泻不止，粪中混有血液，同时呈现兴奋不安。②亚急性中毒。除具有急性中毒的症状外，在剑状软骨后方发生疼痛性肿胀或化脓性蜂窝织炎，还有肌肉麻痹、四肢无力、瞳孔散大、心脏衰弱、呼吸困难等症状。③慢性中毒。精神沉郁，食欲减退、营养不良、被毛组乱无光，被毛脱落，流涎有蒜臭味，结膜潮红，腹痛，持续下痢，感觉迟钝。④尸体长久不腐为本病的一个重要特征。

【治疗】具体措施：①急性砷中毒要用二硫基丙醇，按每千克体重 2.5 毫克分 4 次肌内注射。每隔 4 小时 1 次。随着症状减轻而减少剂量。②可试用氧化镁或碳酸镁内服解毒。也可在肌注二硫基丙醇的同时静注 10% ～20% 硫代硫酸钠 200～400 毫升。③可强心、补液、保肝，注射 5% 糖盐水 2 000～3 000 毫升，10% 安纳咖 10～20 毫升，5% 维生素 C 20 毫升，每日 2～4 次，直到脱离危险。④对症治疗。

3. 氰氢酸中毒

【病因】某些植物如高粱、玉米的幼苗或收割后的再生幼苗中氰氢酸含量很高，牛食后可引起中毒，牛误食含氰化物农药也可引起中毒。

【诊断要点】病牛突然发病，起卧不安、呼吸困难、可视黏膜潮红。流涎、流泪。感觉敏感，兴奋。瞬间转为抑制，混身无力。肌肉震颤，休温下降，严重者瞳孔散大，伴有阵发性惊厥。最后，呼吸中枢麻痹而死亡。尸体长时间不腐烂，血液不良，呈鲜红色。快速纸片检验法（普鲁士蓝法）呈阳性。

【治疗】具体措施：①特效疗法。立即用 10% 的亚硝酸钠 20

毫升加于 10 ~ 20% 葡萄糖注射液 200 ~ 500 毫升中缓慢静注。而后用 5 ~ 10% 的硫代硫酸钠 30 ~ 50 毫升静注。②对症治疗。

4. 亚硝酸盐中毒

【病因】许多菜叶中含有硝酸盐，如发生腐烂，硝酸盐变为亚硝酸盐，牛食后引起中毒。饲喂含硝酸盐丰富的饲草，经瘤胃微生物的作用也可生成亚硝酸盐而引起中毒。

【诊断要点】发病快、常在食后半小时内发病。突然全身痉挛，口吐白沫，呼吸困难，腹胀，站立不稳。可视黏膜发绀，迅速变为蓝紫色，脉搏加快、瞳孔散大，排尿次数增多，常倒地迅速窒息而死。

【治疗】具体措施：①特效疗法。迅速静注 1% ~ 2% 的美兰溶液，每千克体重 1 毫升。或用 5% 的甲苯胺蓝注射液，按 0.5 毫升/千克体重静脉或肌内注射。②如无上述药物，可按 1 ~ 2 毫升/千克体重脉注 25% ~ 50% 的高渗葡萄糖溶液。并加 5% 维生素 C 40 ~ 100 毫升也有较好效果。③对症治疗。

5. 尿素中毒

【病因】尿素中毒主要是出于牛误食尿素或以尿素作为蛋白质补充饲料而添加量过多或搅拌不均所引起的。

【诊断要点】病牛出现大量流涎，瘤胃臌气、反刍及瘤胃蠕动停止。瞳孔散大，皮肤出汗，反复发作强直性痉挛，呼吸困难，精神沉郁，脉搏快而弱，心音增强，体温不均，口流泡沫。通常在中毒后几小时死亡。

【治疗】当中毒病牛发生急性瘤胃臌气时，必须立即进行穿刺放气（放气速度不宜过快）。停止供给可疑饲料。可灌服食醋 1 000 毫升。以降低瘤胃 pH 值，阻止尿素继续分解。静脉注射 10% 葡萄糖酸钙 300 ~ 500 毫升，35% 葡萄糖 500 毫升，以中和被吸收入血液中的氨。

【预防】应严格控制尿素喂量，饲喂后要间隔 30 ~ 60 分钟再供给饮水，且不要与豆类饲料合喂。

6. 棉籽饼中毒

【病因】由于家畜长期采食棉籽饼而引起的一种毒素蓄积中毒。怀孕母畜和仔畜特别敏感。

【诊断要点】一般发病缓慢、经一周到 10 天死亡，但严重者在病状出现后很快死亡。表现衰弱，沉郁，被毛粗乱，食欲反刍减退，呻吟，磨牙，全身发抖，心跳加快，心音增强。眼睑浮肿，羞明流泪。瘤胃臌气，初期粪便干燥，以后腹泻，粪中常带血，有时有腹痛。剖检：出血性胃肠炎，心外膜出血，心肌变性，肾脏出血或者变性，肝实质变性。

【治疗】①禁食一天，更换饲料。②口服 0.3～0.5% 高锰酸钾或 5% 碳酸氢钠的 1 000～1 500 毫升。③口服盐类泻剂如硫酸镁 400～800 克，也可用 5%～10% 碳酸氢钠溶液灌肠。④静注 10%～20% 葡萄糖溶液 1 000～2 000 毫升。虚弱时可加入苯钠酸钾咖啡因。

四、常见外科和产科疾病防治

（一）常见外科疾病的防治

1. 创伤

【诊断要点】创伤是指家畜体表或局部组织发生损伤，并伴有皮肤黏膜破损。临床上分为新鲜创和感染创。表现为裂开出血、肿胀及疼病。感染创还有化脓、溃烂和坏死等表现，严重者可伴有全身症状。

【治疗】具体措施：①新鲜创。不必冲洗，在创面周围剪毛消毒后撒布消炎粉和青霉素即可，然后用消毒纱布或药棉盖住创面。如有出血应先止血，止血粉撒于患处，然后包扎。如创面有泥土或被毛等污染可用 0.1% 高锰酸钾或 0.1% 新洁尔灭，彻底冲洗创面再包扎。②感染创。可按下列步骤进行治疗，清洁创围，先用无菌纱布将创口覆盖，用温肥皂水或来苏尔溶液先洗创围，再用 75% 的

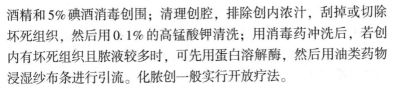

酒精和5%碘酒消毒创围；清理创腔，排除创内浓汁，刮掉或切除坏死组织，然后用0.1%的高锰酸钾清洗；用消毒药冲洗后，若创内有坏死组织且脓液较多时，可先用蛋白溶解酶，然后用油类药物浸湿纱布条进行引流。化脓创一般实行开放疗法。

2. 脓肿

【诊断要点】脓肿即牛体组织器官由化脓菌感染形成有脓液积聚的局部性肿胀，分潜在性脓肿和深部脓肿。临床表现：①潜在性脓肿，初期有热、痛、肿表现，以后由于发炎、坏死、溶解、液化形成脓汁。肿胀部中央逐渐软化，出现波动，渐渐皮肤变薄，被毛脱落，最后自行破溃。②深部脓肿，局部肿胀不明显，但患部触压疼痛，并留指压痕，无明显波动。为了确诊可行穿刺，有脓汁流出或针头附有脓汁。

【治疗】脓肿的治疗原则：初期消散炎症，后期促进脓肿成熟。具体措施：患部剪毛消毒，初期可用冷敷和消炎剂，如涂布用醋调制的复方醋酸铅散或雄黄散。必要时可用1%普鲁卡因青霉素局部封闭。若发炎症状不能制止，改用鱼石脂软膏，促进脓肿迅速成熟，脓肿成熟后，可切开，按一般外科处理，行开放疗法。如出现全身症状，用抗菌素或磺胺类药物治疗。

(二) 常见产科疾病的防治

1. 流产

【病因】流产是指母牛妊娠期间，母体和胎儿之间的正常联系受到破坏而发生妊娠中断。引起流产的原因可分为传染性流产，寄生虫性流产和非传染性流产。

【诊断要点】①隐性流产。发生在妊娠早期，无临床症状，子宫内不残留任何痕迹，死胎及其附属膜随发情、排尿时排出体外，不易被饲养人员发觉。②早产。母牛妊娠不足月时排出活的胎儿，往往会在排胎儿的前2~3天突然出现乳房肿胀，阴唇轻微肿胀。③死胎。多发生在母牛妊娠中后期，死胎排出前会出现体温略升高，脉搏加快，乳房轻度膨大，阴道检查可见子宫颈微开，有稀薄的黏液，直肠检查可摸到子宫中的动脉搏动变弱，感觉不到胎儿的活动。④干尸胎。多发生在妊娠4个月左右，直肠检查可摸到硬物，没有波动感。

【治疗】具体措施：①出现流产先兆时，将妊娠母牛至于安静的牛舍内，减少外界刺激，同时给以安胎药。黄体酮皮内注射50～100毫克，阿托品皮下注射15～20毫克。如有出血、可给止血药。②当出现死胎时，应及时排出胎儿。子宫颈开张不足时，可用消毒过的手伸入阴道用手指缓慢插入子宫颈，轻轻扩张。胎衣滞留时，应及早剥离胎衣。当死胎不易排出时，可采用碎尸术分段取出。必要时可行剖腹取胎术。如有全身症状，可静脉注射抗生素类药物。③流产后，对母牛应给以营养丰富、易消化的饲料，每天投服益母草红糖汤（益母草1～1.5千克，红糖0.5～1千克，煎汁，分2次灌服）。

【预防】①及时治疗母牛疾病，在用药及用量上要持别注意。②怀孕母牛的日粮配合要得当，注意蛋白质、矿物质和维生素的含量，特别在冬季枯草期更要注意这些营养物质的供给，以防止流产及妊娠期疾病的发生。③怀孕母牛不能剧烈运动或受到外伤。

2. 胎衣不下

【病因】胎衣不下即正常分娩时，产出胎儿后12小时仍未排出胎衣。主要是妊娠后期运动不足，饲料中缺泛钙盐、矿物质和维生素所致。此外，胎儿过大、难产、子宫内膜炎或布氏杆菌病也可引起胎衣不下。

【诊断要点】①全部胎衣不下是大部分胎衣滞留在子宫内，只有少量流于阴道或垂于阴门外。有时阴门外看不见胎衣、只有在阴道检查时才能被发现；部分胎衣不下是大部分胎衣悬垂在阴门外，只毛少量粘连在子宫体胎盘上。②如胎衣不下经过2～3天后，病牛常表现在弓腰怒责，恶露，精神沉郁，食欲、反刍减少，体温升高等症状。

【治疗】具体措施：①药物治疗。可一次静注 10% 氯化钠 250～300 毫升，25% 的安钠咖 10～12 毫升，每日 1 次，在产后 24 小时内 1 次注射。垂体后叶素 100 单位或者麦角新碱 15～20 毫升。可促使子宫收宿，排出胎衣。②手术剥离。在剥离前 1～2 小时，向子宫内灌入 10% 氯化钠 1 000～2 000 毫升，便于剥离。胎衣剥离后，子宫内应灌注抗生素类药物，防止继发感染。

3. 子宫内膜炎

【病因】子宫内膜炎是牛产后常见的一种疾病，主要由于生殖道感染所引起。

【诊断要点】全身症状明显，体温升高，精神沉郁。食欲减退或废绝，反刍停止。病牛怒责，由阴门流出黏液性或脓性分泌物。分泌物初为灰褐色，有特殊的腐臭味。直肠检查：子宫角变大，宫壁变厚，收缩反应微弱。有时有痛感，若有分泌物蓄积时，可感到有波动。

【治疗】具体措施：①用土霉素或四环素 2 克，金霉素 1 克，青霉素 100 万单位，链霉素 100 万单位，以上药物任选一种溶于 100～200 毫升蒸馏水中。一次注入子宫。每天 1 次，直至排出的分泌物干净为止。②有脓性分泌物时，用 5% 复方碘溶液，5～10% 鱼石脂溶液、3%～5% 氯化钠溶液，0.1% 高锰酸钾溶液或 0.02g 呋喃西林溶液，任选一种做子宫注射。③对隐性子宫内膜炎，宜在发情配种前 6～8 小时，向子宫内注射青霉素 100 万单位，可提高受胎率，减少隐性流产。

五、主要传染病和寄生虫病的防治

（一）主要传染病的防治

1. 口蹄疫

【流行病学】口蹄疫是由口蹄疫病毒引起的一种急性传染病。

主要症状是在口腔和蹄部出现水泡。本病主要侵害牛，可经消化道、呼吸道感染，传播迅速，呈流行性和大流行性。全年均可发生，但春、秋两季发牛较多，成年牛死亡率不高，牛犊死亡率可高达20%～50%。

【诊断要点】①舌面、上下唇、齿龈、蹄部、乳房等处出现大小不等的水泡。体温升高达41℃以上，精神不振，食欲减退，流涎、口温增高、水泡经1昼夜破裂形成边缘整齐的红色糜烂斑。随后体温降至正常，糜烂逐渐愈台，全身症状好转。②牛犊往往发生无水泡型口蹄疫，呈现心肌炎、胃肠炎和四肢麻痹症状，表现为腹泻或瘫痪，有时无任何症状而突然倒地死亡。剖检时可看到心脏有灰红色或灰白色称之为虎斑心的心肌炎症变化，瘤胃有时可见到溃烂斑痕，真胃呈充血或出血性炎症。

【防治】发生或可疑发生口蹄疫时，应立即向上级主管部门报告疫情，在疫区严格实施封锁、隔离、消毒、治疗等综合措施。在确诊为口蹄疫发生时，应立即用与当地流行的病毒型相同的口蹄疫疫苗对发病牛群中的健康牛只和受威胁区的牛只进行紧急预防注射。

2. 炭疽

【流行病学】炭疽是由炭疽杆菌引起的一种急性、热性、败血性的人畜共患病，多呈散发或地方流行性，以脾脏显著肿大，皮下、浆膜下结缔组织出血性胶样浸润，血液凝固不良、尸僵不全为特征。本病多发于夏季，主要传染源是病畜、濒死病畜体内及其排泄物中常有大显菌体，当尸体处理不当会形成大量芽泡并污染土壤、水源、饲草等，牛在采食被污染的饲料或饮水后，经消化道感染，也可经过带菌的吸血昆虫叮咬感染。本病的潜伏期一般为1～5天。

【诊断要点】最急性型：突然发病，体温升高，行走摇摆或站立不动，有的突然倒地昏迷，可视黏膜呈蓝紫色，口吐白沫、全身战栗，数小时即可死亡。急性型：体温急剧升高到42℃，精神不振，食欲减退或废绝，呼吸困难，可视黏膜呈蓝紫色。初便秘，后腹泻带血，有时腹痛，尿暗红色，有时混有血液，孕牛可发生流产，严重者兴奋不安，惊慌哞叫，口和鼻腔往往有红色泡沫流出。濒死期体温急剧下降，呼吸极度困难，在 1～2 天后窒息而死。亚急性型：病状与急性型相似，但病程较长，约 2～5 天，病情亦较缓和，在喉、脑前、腹下、乳房等部皮肤及直肠、口腔黏膜发生炭疽痈，初期呈硬团块状，有热痛，以后热痛消失，发生溃疡或坏死。

【预防】具体措施：①预防接种。经常发生炭疽及受威胁的地区，每年秋季应作无毒炭疽芽孢苗或二号炭疽芽孢苗的预防按种，春季给新生牛补种。不可到发生炭疽的地区去买草料、购牛或购买其他用品，以防带入疫病。②发生炭疽时的处理。立即隔离封锁病牛，对牛群进行检查。同群牛应用免疫血清进行预防接种，经 1～2 后再接种疫苗。病牛污染的牛舍、用具及地面应彻底消毒，病牛躺卧过的地面。应把表土除去 15～20 厘米，取下的土应与 20% 的漂白粉溶液混合后再进行深埋，水泥地面用 20% 漂白粉消毒。污染的饲料、垫草、粪便应烧毁。尸体不能解剖，应全部焚烧或深埋，且不能浅于 2 米，尸体底部表面应撒上厚层漂白粉。凡和尸体接触过的车辆、用具都应彻底消毒。工作人员在处理尸体时必须戴手套，所穿胶靴和工作服，用后立即进行消毒。凡是手和体表有伤口的人员，不得接触病牛和尸体。疫区内禁止闲杂人员和动物随便进出，禁止畜产品和饲料流通，禁止食用病畜肉，全部工作完成后方可解除封锁，解除前应再进行一次终末消毒。

3. 巴氏杆菌病

【流行病学】巴氏杆菌两是一种由多杀性巴氏杆菌引起的急性、热性传染病，常以高温、肺炎、以及内脏器官广泛性出血为特征。多发生在春秋两季。

【诊断要点】①病初体温升高，可达 41℃ 以亡，鼻镜干燥，结膜潮红，食欲和反刍减退。脉搏加快，精神萎顿，被毛粗乱，肌肉震颤，皮温不整。有的呼吸困难，咳嗽，流泡沫样鼻涕，呼吸音加强，并有水泡音。有些病牛初便秘后腹泻，粪便常带有血或黏液。②尸体剖检可见黏膜、浆膜小点出血，淋巴结充血肿胀，其他内脏器官也有出血点。肺呈肝变，质脆，切面呈黑褐色。③采取死牛新鲜心、血、肝、淋巴结组织涂片，以姬姆萨氏染色，镜检可见两极着色的小杆菌。

【治疗】具体措施：①对刚发病的牛，用痊愈牛的全血 500 毫升静注，结合使用四环素 8～15 克，溶解在 5% 葡萄糖溶液 1 000～2 000 毫升中静注，每日 1 次。②普鲁卡因青霉素 300 万～600 万单位，双氢链霉素 5～10 克同时肌注，每日 1～2 次。③强心剂可用 20% 安钠咖注射液 20 毫升，每日肌注 2 次。④重症者可用硫酸庆大霉素 80 万单位，每日肌注 2～3 次。⑤保护胃肠可用次硝酸铋 30 克和磺胺脒 30 克，每日内服 3 次。

4. 布氏杆菌病

【流行病学】布氏杆菌病是由布氏杆菌引起的一种接触性人畜共患病，主要危害生殖器官，母畜的临床症状是流产。可经病牛的阴道分泌物、胎儿、胎水、乳汁、粪便及公畜精液广泛传播。传播途径为接触性传染和消化道传染。本病一年四季均可发生，呈地方性流行。

【诊断要点】①本病根据流行病学及症状表现无法确诊，需作平板凝集反应，或通过流产病料涂片染色作细菌检查方可确诊。②母牛除流产外，常不表现其他症状，流产多发生于怀孕的第 5～7 个月产出死胎或弱胎。流产后常发生胎衣不下，阴道内排褐色恶臭液体，发生子宫炎、卵巢囊肿而长期不孕，并有可能发生腕关节炎、膝关件炎、跗关节炎等。

【防治】具体措施：①引进牛时必须检疫，还要隔离观察，确实无病时方可与健康牛舍群。②发现病牛立即隔离，污染的牛舍、用 2%～3% 来苏尔、碱水或石灰水消毒，粪尿用生物热处理，流产胎儿、胎衣、羊水等要深坑掩埋。③定期预防注射，在本病常发区每年都要进行两次定期预防注射。④每年定期进行试管凝集反应普查，阳性反应牛应与健牛隔离，进一步作补体结合反应，以便确诊。⑤治疗。对病情严重者，主要用抗生素类药物进行治疗，对流产后的母畜还应用1%高锰酸钾等冲洗子宫。加强饲养管理，供给营养丰富、品质良好的饲料，促使病牛自然痊愈。

5. 结核病

【流行病学】结核病是由结核杆菌引起的一种慢性人畜共患病。传染源主要是病畜痰液、粪便、乳汁、生殖道分泌物等。可经消化道和呼吸道感染，多见于母牛。

【诊断要点】①病牛体温升高，可能有间歇热和弛张热。病牛的体重慢慢减轻，可视黏膜贫血，病程可达数月至数年，病状依患病器官而异。以肺、乳房、肠道、淋巴结最常见，其它器官也可能相继发病。②肺结核，初有短促干咳，在早晨运动及饮水后特别显著，有时鼻流淡黄色黏脓液，病情逐渐加重，变为痛苦的湿咳，同时呼吸增数，听诊肺部有干啰音或湿啰音，甚至出现空洞音或胸膜摩擦音。叩诊会出现浊音，实音。③乳房结核，初期症状不明显，有时发现乳汁变清且有絮状凝乳块，随后乳区出现肿块，质地较硬。但无痛感，同时乳房淋巴肿大。④肠道结核，初期便秘与下痢交替进行、后经常下痢，粪便稀，混有黏液和浓，病牛很快消瘦。

【防治】具体措施：①链霉素，成年牛每日10～15克，分两次肌注。与其他抗结核药同时使用效果更好。②卡那霉素，每日10～15克，分两次肌注。利福平6～10克，分两次口服。

（二）常见寄生虫病的防治

1. 梨形虫病（焦虫病、巴贝斯虫病）

【流行病学】牛梨形虫病是由巴贝斯科和泰勒科的不同梨形

虫寄生于牛血液内所引起的寄生虫病的总称。临床上常出现高热、贫血、黄疸、血红蛋白尿、迅速消瘦和产奶量明显降低为特征。本病多发生于夏秋两季，因其流行广泛，病情严重，往往能引起大批牛的死亡。

【诊断要点】本病的潜伏期为 8 ~ 15 天，成年牛多为急性经过。病初出现体温上升 40℃ 以上，呈稽留热，可持续一周或更长，以后下降多变为间歇热。病牛呼吸心跳加快，肌肉震顺，食欲减退，反当停止，精神沉郁。一般在发病 3 ~ 4 天后出现贫血、黄疸，并排红褐色尿液，粪便为黄棕色。被感染病牛迅速消瘦衰弱，全身无力，行动艰难，卧地不起，孕牛大多数流产，严重的在 1 周内死亡。解剖后血液稀薄，凝固不全；皮下组织充血、黄染、水肿；脾脏肿大 1 ~ 4 倍，软化；肝肿大，黄棕色。胆囊扩张，胆汁浓稠，色暗；真胃和小肠黏膜水肿，有出血斑；膀胱黏膜充血，有时有点状出血。姬姆萨液染色呈阳性。

【防治】对于贫血严重、极度衰弱的病牛，首先要注射强心剂，同时要进行输液或输血疗法。同时用杀虫药、血虫净（贝尼尔）：每千克体重以注射用水配成 5% ~ 7% 溶液，臀部深部肌内注射，隔日 1 次，连用 3 次即可。

【预防】①灭蜱以阻断传播媒介。经常做好牛舍清理工作，铲除场内粪便、褥草、污水；定期进行全场消毒，营造不利于蜱发育繁殖的环境。②控制传染源，隔断与蜱的联系。病牛和带虫牛是主要的传染源，故应集中饲养，注意灭蜱，以防存留牛体内过冬的病原体继续发育、繁殖和传播。严格控制病牛、带虫牛的引入。需要引进时，必需隔离检查，确定阴性者，经杀蜱处理再合群。③药物预防。可用抗梨形虫的药物进行预防注射。

2. 疥螨病

【流行病学】疥螨病是由疥螨科和痒螨科的螨虫寄生于牛体表或皮肤内所引起的一种慢性、接触性传染病。临床上以湿疹性皮炎、脱毛及剧痒为特征。此病可通过与患畜或被污染的物体接触面感染。疥螨虫发育的最适宜条件是阳光不足和潮湿，所以，牛舍潮湿，饲养密度过大，皮肤卫生状况不良时容易发病。发病季节主要在冬季和秋末春初。

【诊断要点】病初出现粟粒大的丘疹，随着病情的发展，开始出现发痒的症状。

由于发痒，病牛不断地在物体上蹭皮肤，而使皮肤增加鳞屑、脱毛，致使皮肤变得又厚又硬。如果不及时治疗，1年内会遍及全身，病牛逐渐消瘦。在皮肤病变部位与健康部位交界处，用刀刮取皮屑，镜检可看到虫体。

【防治】治疗牛疥螨的方法很多，可选用其药液进行浸洗或喷雾。2%石灰硫磺溶液（生石灰5.4千克，硫黄粉10.8千克，水400升）浸洗，每周1次，连用4次。螨毒灵乳剂；配成0.05%水溶液，喷淋或擦洗1次，1周后再治疗1次。伊维菌素，每千克体重0.2毫升，一次皮下注射，10天后重复注射1次。

【预防】改善饲养管理，牛隔离治疗；对已有虫体的牛群，杀灭虫体，防止入冬后蔓延开；保持牛舍的通风干燥，牛体的卫生；此病的多发季节，应采取预防措施。

3. 牛皮蝇蛆病

【流行病学】牛皮蝇蛆病是皮蝇科皮蝇属的幼虫寄生于牛的背部皮下组织所引起的一种慢性寄生虫病。由于皮蝇幼虫的寄生，引起病牛痞痒，局部疼痛，影响休息和采食，使患牛消瘦，牛犊发育不良，产乳量下降，皮革质量降低，造成巨大经济损失。本病的发生与环境卫生有很大关系。牛感染多发生在夏季炎热，成蝇飞翔的季节。

【诊断要点】雌蝇产卵时引起牛恐惧不安，影响采食和体息，消瘦，惊慌奔跑，可引起流产、跌伤、骨折甚至死亡。幼虫钻入皮肤，引起皮肤痛痒，精神不安。幼虫在体内移行时，造成移行部位组织损伤，导致局部结缔组织增生和皮下蜂窝织炎，若继发细菌感染可化脓，流出脓液，肉质降低。幼虫进入大脑寄生可出现神经症状，甚至死亡。在牛背上摸到长圆形结痂，以后瘤肿隆起，见有小孔，小孔周围有脓痂，用力挤压可挤出虫体而确诊；或在牛体被毛上可查到虫卵。

【防治】关键是掌握好驱虫时机，消灭牛体内的幼虫不能让其发育到第三期幼虫。①皮蝇磷。每千克体重 100 毫克。②伊维菌素。每千克体重 0.2 克，皮下注射。③驱蝇防扰。在成蝇产卵的季节，每隔半月向牛体喷 2% 敌百虫溶液；可经常刷拭牛体表，以控制虫卵的孵化。④不要随意挤压结块，以防虫体破裂引起变态反应。应用注射器吸取敌百虫水等药液直接注入，以杀死或使其蹦出。

4. 肝片形吸虫病

【流行病学】肝片形吸虫病是由肝片形吸虫寄生于肝脏、胆管中引起的一种寄生虫病。本病呈世界性分布，我国分布很广，多呈地方性流行，危害相当严重，尤其是对牛犊。中间宿主是本病流行的主要因素，流行感染季节多在每年的夏秋两季，气候潮湿、雨量充足有利于中间宿主和幼虫的发育，促使病的发生。

【诊断要点】病牛的抵抗力逐渐降低，衰弱，皮毛粗乱、无光泽，食欲减退，消化紊乱，黏膜苍白，贫血、黄疸，最后极度虚弱死亡。病牛死后可见肝脏、胆管扩张、增厚，其中可见大量寄生的肝片形吸虫。

【防治】丙硫苯咪唑：剂量按每千克体重 15 毫克，一次内服。硝氯酚：按每千克体重 5～7 毫克，灌服。硝硫氰醚：按每千克体重 50～60 毫克，一次灌服。

模块七　肉牛场环境控制

一、环境对肉牛生产的影响

肉牛生产性能的高低，除本身的遗传因素外，还受外界环境条件（如温度、湿度、光照、气体和饲养密度等）的影响。环境恶劣，肉牛生长缓慢，饲养成本增高，甚至会使机体抵抗力下降，诱发各种疾病。

（一）温度对肉牛生产的影响

环境温度是影响肉牛身体健康和生产力高低的主要因素。牛是恒温动物，随时通过自身机体的热调节来适应环境温度的变化。牛适宜的环境温度是 5～21℃、最适温度是 10～15℃，在此温度范围内，肉牛生长发育和增重速度最快，饲料利用率最高，饲养成本较低。因此，夏季要做好防暑降温工作，牛舍安装电扇或喷淋设备，运动场栽树或搭凉棚。冬季要注意防寒保暖，提供适宜的环境温度。

（二）空气湿度对肉牛生产的影响

空气湿度（简称气湿）是指空气潮湿程度的物理量。在一般温度环境中，气湿对牛机体热调节没有影响。但在高温和低温环境中，气湿大小程度对牛机体热调节产生作用。一般来说，当气温适宜时，湿度对肉牛育肥效果影响不大。但高温或低温时湿度过大会对肉牛产生影响。一般空气湿度以 55%～80% 为宜。

（三）气流对肉牛生产的影响

通过空气对流作用，带走牛机体所散发的热量，达到降温。一般来说，风速越大，降温效果越明显。寒冷季节，若受大风侵袭，会加重低温效应，使肉牛的抗病力减弱，尤其对于牛犊，易患呼吸道、消化道疾病，如肺炎、肠炎等，对肉牛的生长发育不利。炎热季节，加强通风换气，有助于防暑降温，并排出牛舍中的有害气体，改善牛舍环境卫生状况，有利于肉牛增重和提高饲料转化率。

（四）光照对肉牛生产的影响

一般条件下，牛舍常采用自然光照，为了生产需要可采用人工光照。光照不仅对肉牛繁殖有显著作用，对肉牛生长发育也有一定影响。在舍饲和集约化生产条件下，采用"16小时光照8小时黑暗"制度，育肥肉牛采食量增加，日增重得到明显改善。

（五）粉尘对肉牛生产的影响

新鲜的空气可促进肉牛新陈代谢，减少疾病的传播。空气中浮游的灰尘和水滴是微生物附着和生存的好地方。为防止疾病的传播，牛舍一定要避免粉尘飞扬，保持牛舍通风换气良好，尽量减少空气中的灰尘。

（六）有害气体对肉牛生产的影响

封闭式牛舍，如设计不当或管理不善，牛的呼吸、排泄物的腐败分解，使空气中的氨气、硫化氢、二氧化碳等增多，影响肉牛生产力。所以应加强牛舍的通风换气，保证牛舍空气新鲜。

（七）噪声对肉牛生产的影响

肉牛在较强噪声环境中生长发育缓慢，繁殖性能不良。一般要求牛舍的噪声水平白天不超过 90 分贝，夜间不超过 50 分贝。

二、牛舍环境控制

为了给肉牛创造适宜生长的环境条件，对牛舍应在合理设计的基础上，采用供暖、降温、通风、光照、空气处理等措施，对牛舍环境进行人工控制，并通过一定的技术与特定的设施来阻断疫病传播渠道，减弱舍内环境因子对肉牛个体造成的不良影响，获得最高的肥育效果和最好的经济效益。

（一）牛舍的温度控制

炎热的夏季，需通过降低空气温度，促进蒸发散热，缓和牛的热负荷。对牛舍可以采取搭凉棚、设计隔热屋顶，加强通风、遮阳、增强牛舍维护结构对太阳辐射热的反射能力等措施。冬季气候寒冷，应通过对牛舍的外围结构合理设计，解决防寒保温问题。

（二）牛舍的湿度和有害气体控制

牛舍内的湿度过高和有害气体超标是构成牛舍环境危害的重要因素。它来源于牛体排泄物的水分、呼出的 CO_2、水蒸汽和舍内污物产生的 NH_3、H_2S、SO_2 等有害气体。要对舍内气体实行有效控制，主要途径就是通过通风换气，使牛舍内的空气质量得到改善。牛舍可设地脚窗、屋顶天窗、通风管等方法来加强通风。在舍外有风时，地脚窗可加强对流通风，形成穿堂风和街地风，可对牛起到有效的防暑作用。为了适应季节和气候的不同，在屋顶风管中应设翻板调节阀，可调节其开启大小或完全关闭，而地脚窗则应做成保温窗，在寒冷季节时可以把它关闭。此外，必要时还可以在屋顶风管中或山墙上加设风机排风，可使空气流通，加快热量排放。

（三）牛场的绿化

绿化可以美化环境，改善牛场的小气候，在盛夏，强烈的直射日光和高温不仅使牛的生产能力降低，而且容易发生日射病。有绿化的牛场，场内树木可起到良好的遮阴作用。当温度高时，植物茎叶表面水分的蒸发，吸收空气中大量的热，使局部温度降低，同时提高了空气中的湿度，使牛感觉更舒适。树干、树叶还能阻挡风沙的侵袭，对空气中携带的病原微生物具有过滤作用，有利于防止疾病的传播。绿化牛舍常用大青杨、洋槐、垂柳、紫穗槐、刺玫、丁香等。空闲地带还可种一些草坪和牧草，如三叶草、苜蓿草等。

三、粪污处理和利用

我国肉牛养殖业的规模化、产业化发展，制造了大量的粪尿、污水等废弃物，如不加处理或处理不当则对环境造成严重污染，甚至威胁到牛场本身的持续发展。另外，粪尿及污水中含有大量的营养物质，经过无害化处理后，可以变废为宝，带来良好的经济与生态效益。

（一）粪尿污水对环境的危害

牛场的主要污染物是粪尿及其污水，尤其是粪尿，它是饲料中未被消化的养分排出体外后，继续被微生物降解而产生，这些物质含有大量有机物、氮、磷、钾、悬浮物及致病菌等，并产生恶臭，造成对地表水、土壤和大气的严重污染。

（1）恶臭的污染。低浓度和短时间的臭气，一般不会有显著危害，高浓度臭气对牛有急性损害。在生产条件下，往往是低浓度、长时间作用于牛体，产生慢性中毒，使牛体质变弱，对某些疾病易感性强，抗病力下降，采食量、日增重等下降。

（2）嗳气的污染。嗳气是牛、羊等反刍动物特有的消化现象，嗳气中的主要成分是甲烷和二氧化碳，与氨、氮一起可导致臭氧层破坏，造成地球温室效应。

（3）氮和磷的污染。排泄物中的氮，散发到大气中，可招致酸雨。粪尿和污水中的氮和磷可通过雨水汇入地表水中，使水富营养化，引起微生物的大量繁殖，耗尽水中氧气，使鱼类死亡。

（4）致病微生物及寄生虫的污染。一些患有人畜共患病的病牛的排泄物和腐败的动物尸体中含有大量致病菌、寄生虫卵，在适宜条件下，可引发人畜共患病。

（二）粪污处理综合措施

对粪污处理的原则是减量化、无害化、资源化。减量化是想方设法使牛排出的粪便减少；无害化、资源化是使处理过的粪便不对环境造成危害，又能进行对粪便进行一定程度的利用。

1. 减少粪尿的排泄量

（1）科学加工饲料，提高饲料消化率，减少粪尿排泄量。牛精饲料适当的粉碎，制成粥料，热炒，膨化，青粗饲料经过氨化、青贮等都可以提高消化率。精饲料经过热加工过程，还可破坏和抑制一些抗营养因子和有毒物质的作用，可杀死沙门氏菌等细菌，改善饲料的卫生条件。

（2）日粮组成多样化和合理搭配。日粮组成多样化，不仅可以降低饲料成本，抵御饲料价格变化的风险，而且还可提高饲料养分消化率。不同性质的饲料互相搭配，可调节机体消化机能、如青贮和氨化饲料搭配，可预防瘤胃的酸中毒，高粱和饼类饲料搭配，可提高瘤胃非降解蛋白质的量，提高蛋白质的消化率等。

2. 用作肥料

随着化肥对土壤的板结作用越来越严重，以及人们对无公害产品需求的增加，农家肥的使用将会倍加受到重视，因此，把牛类做成有机复合肥，有着非常广阔的应用前景。牛粪等农家肥的使用，可有效处理牛粪等废弃物，又可将其中有用的营养成分循环利用于土壤—植物生态系统。但应注意，牛粪不合理的使用方式或连续使用过量会导致硝酸盐、磷及重金属的沉积，对地表水和地下水构成污染；另外，在降解过程中，氨及硫化氢等有害气体的释放也会对大气构成威胁，所以应经过适当处理后再应用于农田。如腐熟堆肥法：将牛粪与作物秸秆按一定比例混合后，在微生物的作用下，有机物质分解，在此过程中放出的热量可杀灭粪便中的病原微生物、寄生虫卵等，并可提高肥效。

3. 用牛粪开发饲料

牛粪中含有丰富的营养物质，适当处理后可用作饲料，实现物质与能量的再循环，并可防止污染。

（1）脱水干燥。粪便脱水干燥是最为简易的处理方法，干燥后的粪便仅为原体积的 20% ~ 30%。干燥后的粪便与干草按（6：4）混合后进行青贮再利用。

（2）粪便酸贮。将鲜牛粪与玉米、棉籽饼及糠麸皮等精料混合装入塑料袋中或其他密闭容器中，使混合物水分保持在 40% 左右，压实、封严，经 20 ~ 40 天后即可使用。

（3）发酵处理。将牛粪堆积发酵后，自然晾晒后可作为饲料使用。据资料介绍，1 头牛 1 天所排粪便与 15 千克糠麸、2.5 千克小麦麸、3.5 千克酒曲混合，用水调成糊状，手控成团，松开能散，装入密闭容器或塑料袋内压实、封口、发酵 1 ~ 2 天后即可与精料混合饲用。

（4）生物处理。将牛粪利用生物学的方法进行处理，主要方法有氧化池氧化法、活性污泥法、堆肥法、昆虫培养等。

4. 牛粪生产沼气

沼气是利用厌氧菌（主要是甲烷菌）对牛粪尿进行厌氧发酵产生一种混合气体，其主要成分为甲烷（占 60% ~ 70%），其次为二氧化碳（占 25% ~ 40%），此外还有少量的氧、氢、一氧化碳和硫化氢。沼气燃烧后可产少大量的热能，可作为生活、生产用燃料，也可用于发电。在沼气生产过程中，因厌氧发酵可杀灭病原微生物和寄生虫，发酵后的沼渣和沼液又是很好的肥料，这样种植业和养殖业有机结合，形成一个循环利用、增值的生态系统。

模块八　肉牛场经营管理

经营管理是肉牛生产的重要组成部分。经营是指在国家政策、法令和计划的指导下，面对市场的需要，根据肉牛场内、外部的环境和条件，合理地确定肉牛场的生产方向和经营总目标；合理组织肉牛场的产、供、销活动，以求用最少的人、财、物取得最多的产出和最大的经济效益。管理是指根据肉牛场经营的总目标，对肉牛场生产总过程的经济活动进行计划、组织、指挥、调节、控制、监督和协调等工作。经营确定管理的目的，管理是实现经营目标的手段，只有将二者有机地结合起来，才能获得最大的经济效益。只讲管理，不讲经营，或只讲经营，不讲管理，均会使肉牛场生产水平低，经济效益差，甚至亏损，使肉牛场难以生存。因此，肉牛场管理者不能仅把注意力完全集中在生产技术方面，还要抓好肉牛场的经营管理。

一、经营管理者具备的基本条件

生产经营者是养肉牛场的主体。生产规模越大，对经营管理水平的要求越高。这就要求生产者必须懂技术，善管理、会经营，并能统观全局，加强核算，科学预测和合理组织生产。因此，作为一名合格的肉牛场经营者应具备如下基本条件。

（1）科学观念。科学技术是发展生产的关键因素。肉牛场经营者必须努力钻研养牛生产的科学知识，并及时注意该领域的科研动态，引入科技新成果，推动肉牛场的技术进步，向科学技术要效益。还应特别注重引进人才，聘请大专院校、科研院所的教授、专家作为肉牛场的技术顾问，联合开展技术开发，以达到科技兴场的目的。

（2）市场观念。正确的经营方向是肉牛场取得效益的前提条

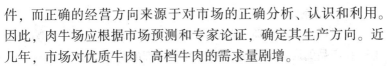

件，而正确的经营方向来源于对市场的正确分析、认识和利用。因此，肉牛场应根据市场预测和专家论证，确定其生产方向。近几年，市场对优质牛肉、高档牛肉的需求量剧增。

（3）经营观念。肉牛场要获得尽可能多的经济效益，除坚实的科学技术、好的市场条件外，必须有强有力的经营管理配合，才能实现好的经营效果，所以，作为生产经营者还必须牢固树立经营管理的观念，在生产中引入竞争机制，调动肉牛场内部职工的积极性，在生产的各个环节实行定额责任制，做到奖勤罚懒，实行效益工资制。

（4）效益观念。提高经济效益是肉牛场的基本任务。生产经营者必须树立经济效益观念，进行投入和产出分析，实行严格的经济核算，做到增产节约，增收节支，降低产品成本，增加盈利。

（5）质量观念。市场要求牛肉及其制品必须是符合消费者需要和国家标准的优质、价廉的产品。因此，生产经营者应树立质量观念，不断提高产品品质，以质量求生存，以质量求发展，这样才能保证再生产的持续进行。

（6）改革创新的观念。生产经营者要具有不断改革、不断创新的观念。不断扩大生产规模，提高生产的机械化水平，实现规模效益。同时，还应不断开发新产品，增强肉牛场适应不断变化的外部环境的能力，提高经济效益。

（7）生防疫观念。生产经营者必须加强"防重于治"的观念，及时做好对牛群的检疫和防疫灭病工作，并配合环境卫生和防疫隔离措施，以确保生产安全及消费者的健康。

二、经营管理制度

1. 考勤制度

由场长负责，本人或专人做好考勤记录，如迟到、早退、旷工、请假等，作为绩效工资、评优等的重要依据。

2. 劳动制度

应根据肉牛不同阶段的饲养管理特点来制订。凡是影响安全生产和产品的质量的行为，都应列出详细的奖惩办法。

3. 饲养制度

结合饲养各阶段的特点和要求，制订技术操作规程，实行生产责任制。包括各阶段肉牛饲养管理制度、卫生防疫制度、繁殖配种制度、饲料供应及加工制度、产品营销制度等。

4. 组织管理制度

肉牛场实行场长负责制。职能机构包括场部、财务部、生产部、质检部、饲料加工车间、销售部、服务部等。

5. 数据管理

（1）建立健全牛场原始数据。建立健全各项原始记录制度，设置各种原始记录表格，并指定专人登记填写，要求准确无误、完整无缺。主要包括：饲草和饲料消耗原始记录、各牛群饲料消耗记录、牛群日志、育肥牛称重记录、产品出库记录等。

（2）按月、季度和年度汇总数据。对每天的原始记录与日志，按月进行汇总；每季度末和年末对本季度和本年度的数据进行认真汇总计算。

三、生产定额管理

（一）定额的作用

（1）定额是编制生产计划的基础。编制计划的过程中对人力、物力、财力的配备和消耗，产、供、销的平衡，经营效果的考核等各计划指标，都是根据定额标准进行计算和研究确定的。只有先进行合理的定额，才能制订出先进可靠的计划。

（2）定额的组织计划实施的前提。任何生产都必须有组织地进行，以便充分而有效地运用劳动力和生产资料，保证计划的实施。定额是科学地配备和调度，工时的充分利用，物资的合理储备和适时供应，资金的合理运用和核算等就有根据，就能合理地组织生产各环节，使之互相衔接，使生产连续地、协调地进行。

（3）定额是检查计划执行情况的依据。定额是一定的生产技术和管理水平的标准。通过分析就能发现计划中的薄弱环节，在一些计划指标中，定额的完成情况，就是计划的完成情况，进行计划检查不能离开定额来进行。

（二）定额水平的确定

要充分发挥定额在计划管理中的作用，就需要正确确定定额水平。如果定额水平不能正确反映畜牧场的技术和管理水平，它就会失去意义。定额偏低，用以制订的计划，不仅是保守的，而且会造成人力、物力、财力的浪费；定额偏高，制订的计划是脱离实际的，也是不能实现的，且影响员工的生产积极性。因此，定额水平是增强计划管理科学性的关键。

（三）定额的修订

修订定额，对于搞好计划也是很重要的内容。定额是在一定条件下制订的，反映一定时期的技术水平。由于生产的客观条件在不断发展变化，因此，在每年编制计划前，必须对定额进行一次全面的收集、调查、整理、分析，对不符合新情况、新计划的定额进行修订；并补充齐全定额和制订新的定额标准，使计划编制有可靠的依据。

（四）制订各种生产管理定额

1. 人员配备定额

（1）人员配备定额牛场人员组成。牛场的人员由工人、管理人员、技术人员、后勤及服务人员等组成。

（2）定员计算方法。牛场对牛应该实行分群、分舍、分组管理，定群、定舍、定员。牛群按牛的年龄和饲养管理特点分；分舍根据牛舍床位，分舍饲养；分组是根据牛群头数和牛舍床位，分成若干组。然后，根据人均饲养定额配备人员。其他人员则根据全年任务、工作需要和定额配备人员。

2. 劳动定额

劳动定额是在一定生产技术和组织条件下，为生产一定的合格产品或完成一定的工作量，所规定的必要劳动消耗量，是计算产量、成本、劳动生产率等各项经济指标和编制生产、成本和劳动等项计划的基础依据。

（1）牛生产劳动定额的特点。畜牧业生产是连续不断的，多数作业都是在相同条件下重复进行的。一般都是以队、班组或畜舍为单位进行饲养管理。

（2）主要劳动定额的制订。包括各年龄畜群饲养管理定额、饲料加工供应定额、人工授精定额、疫病防治定额、产品处理定额等。这些定额的制订，主要根据生产条件、职工技术状况和工作要求，并参照历年统计资料和职工实践经验，经综合分析来确定。

（3）劳动定额的质量要求。劳动定额不但表现为数量要求，还必须有具体的工作质量要求。

3. 饲料消耗定额

饲料定额是牛场提高经济效益，实行经济责任制，加强定额管理的重要内容。饲料消耗是生产牛肉等产品所规定的饲料消耗标准，是确定饲料需要量、合理利用饲料、节约饲料和实行经济核算的重要依据。

四、技术管理

（一）育肥方式的选择

肉牛育肥方式可分为全舍饲育肥、放牧育肥和放牧结合舍饲

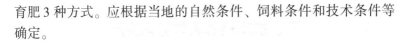

育肥 3 种方式。应根据当地的自然条件、饲料条件和技术条件等确定。

(二) 肉牛易地育肥成功的关键问题

肉牛易地育肥是国内外常采用的肉牛生产方式，它是指由一个地方繁殖并培育的牛犊，集中到另一个地方进行架子牛育肥，发挥各自的优势，进行肉牛生产。肉牛易地育肥成功的关键要素是：一是把好架子牛的挑选关；二是加强架子牛运输途中的管理，减少掉膘和伤亡损失，缩短架子牛到达育肥场的过渡期，10～15 天便能进入育肥期；三是制订严格的强度育肥方案，进行有效的育肥生产；四是适度规模经营，加强管理，向管理要效益；五是及时出栏上市，减少维持需要支出。

(三) 适宜的育肥制度

育肥牛生产制度不同，生产出的牛肉档次有较大的差别。我国目前的育肥制度主要有以下几种。

(1) 6 月龄牛犊育肥制度。每年春季产的牛犊由母牛哺乳，断奶后牛犊转移到精、粗饲料和气候条件较好的地区饲养越冬。越冬期舍饲，自由采食或定时定量饲喂，日增重 500 克左右。牛达到 12 月龄时，开始一般育肥；到 15 月龄时，进入强度育肥阶段，18 月龄体重达到 450 千克左右时出售或屠宰。

(2) 12～14 月龄牛育肥制度。牛犊在出生地越冬，12～14 月龄时转移到饲料条件较好地区或专业育肥场，进行 8～10 个月的优厚育肥饲养，在 24 月龄体重达到 530 千克左右出栏。

(3) 大架子牛易地育肥制度。对于淘汰奶牛、公牛及 2 岁以上的黄牛或改良牛进行易地集中育肥，采用拴系舍饲或围栏舍饲法，饲养到适宜的膘情进行出售。

五、成本核算和效益化生产

（一）成本计算

（1）成本核算是对牛场生产费用支出和产品成本形成的会计核算。

增重单位成本 =（本期饲养费用 - 副产品价值）/本期增重量

活重单位成本 =（期初全群成本 + 本期饲养费用 - 副产品价值）/（期终全群活量 + 本期售出转群活重）

牛肉单位成本 =（出栏牛饲养费用 - 副产品价值）/出栏牛牛肉总产量

（2）利润核算。肉牛场出售产品的收入，扣除生产成本后，就是盈利。盈利再扣除销售费用和税金就是利润。生产成本大于出售产品的收入就是亏损。

（二）效益分析与环境影响评价

1. 社会效益

（1）有利于满足城乡居民多样化的消费需求。规划实施后，将提高牛羊肉生产能力，增加市场供应，丰富"菜篮子"产品，满足广大人民群众多样化的消费需求，有利于提高我国食物与营养发展水平，改善城乡居民膳食结构，提升国民身体素质和健康水平。

（2）有利于转变牛羊生产方式。规划实施后，肉牛肉羊标准化规模养殖场和良种繁育体系建设得到加强，高效繁殖技术和饲养管理技术得到推广，标准化、规模化、良种化水平提高，有利于促进牛羊生产由传统粗放式向标准化规模养殖发展，为发展现代畜牧业奠定坚实基础。

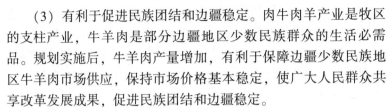

（3）有利于促进民族团结和边疆稳定。肉牛肉羊产业是牧区的支柱产业，牛羊肉是部分边疆地区少数民族群众的生活必需品。规划实施后，牛羊肉产量增加，有利于保障边疆少数民族地区牛羊肉市场供应，保持市场价格基本稳定，使广大人民群众共享改革发展成果，促进民族团结和边疆稳定。

2. 经济效益

通过规划实施，推行标准化规模养殖，推广良种良法，提升肉牛、肉羊的胴体重水平，提高牛羊肉产量，将取得良好的经济效益。规划期内，牛羊肉产量年均增长 2.5%，年均可增加产值近 100 亿元，到 2020 年可累计增加产值近 800 亿元。与此同时，随着专业合作社发展和产业化经营推进，肉牛肉羊生产水平和生产效益提高，有利于进一步增加农牧民收入。

此外，通过规划实施，规模化养殖场、屠宰加工厂等建设将加快，有利于进一步增加就业岗位和扩大就业渠道，促进富余劳力就业和农村劳力就地转移；有利于带动建筑业、设备生产等相关行业的发展，带来良好的间接经济效益。

3. 生态效益

（1）有利于促进农区秸秆的资源化利用。规划的实施，有利于加快推进农作物秸秆的饲料化利用，通过"过腹还田"，不仅可以减少农作物秸秆焚烧及废弃带来的环境污染，而且可以促进秸秆的资源化利用。

（2）有利于促进草场改良。规划实施后，通过支持草原围栏、人工饲草基地建设等，有利于促进牧区草原的禁牧休牧轮牧，缓解草原载畜压力，促进草原休养生息，减少草原沙化退化和水土流失，不断改良牧区草原生态环境。此外，通过规划实施，南方草山草坡开发利用力度加大，有利于改良草山草坡，避免开荒种地破坏生态。

（3）有利于牛羊废弃物的集中处理和资源化利用。规划合理布局牛羊养殖规模，农户散养比例逐步下降，减少了因散养带来的农村面源污染。规划推行标准化生产，支持规模养殖场的标准化改造，加大规模养殖场粪污无害化处理设施的建设力度，有利于牛羊粪污的集中处理。同时，大力推进种养结合，推动粪污还田利用，实现了粪污资源化利用，为种植业提供了有机肥源，有利于减少化肥对生态环境的污染。

4. 环境影响评价

肉牛、肉羊产业发展对生态环境有一定影响，通过采取有效应对措施可以降低影响程度。

(1) 规模养殖粪污的局部富集将造成环境压力。规划实施大力鼓励牛羊的规模化养殖，尤其是随着牛羊产业的持续发展，可能出现局部地区牛羊养殖的大幅增长，造成区域内养殖粪污的局部富集，使生态环境的局部压力加大。应充分考虑各地环境状况，充分考虑当地土地消纳能力，注重不断优化牛羊养殖的区域布局，提倡种养平衡模式，不在环境敏感区发展规模化养殖场，新建、改扩建规模养殖场项目应依法进行环境影响评价，落实环境保护"三同时"要求。此外，通过大力推广清洁养殖模式，加强粪污无害化处理，促进养殖粪污的就近、就地无害化和资源化利用，实现牛羊养殖和生态环境的协调发展。

(2) 人工饲草基地建设不当将加剧草原生态退化。人工饲草基地开发会造成地表土壤裸露、疏松，遇强降雨可能会造成水土流失；人工饲草生长过程中会耗用大量生态用水。应选种多年生牧草，减少草地耕翻和扰动，对拟利用的水源进行水平衡分析，根据水资源平衡结果，在留足生态用水的基础上，合理确定人工饲草基地建设规模。

(3) 病害畜只处理不当将危害生态环境和人体健康。牛羊的养殖生产过程中，会产生一定量的病害或死淘畜只，作为细菌、病毒的重要携带者，若控制不利，病原体会通过水、空气、直接接触等途径感染畜群甚至人体。应加强牛羊重大动物疫病和重点人畜共患病的防治，进一步完善病害畜只的扑杀和无害化处理机

制，保障畜群和人体的健康和安全。

（三）提高肉牛经济效益的途径

提高养殖肉牛经济效益的途径有：一是降低成本。在价格稳定的情况下，成本越低，利润就越高。降低成本是增加利润的主要途径。二是增加市场适销产品的产量，产品销售量的增加。三是提高产品质量。有利于扩大销售，优质优价，达到增加利润的目的。四是提高劳动生产率。培训职工，提高技术水平。按劳取酬，充分发挥职工的劳动积极性。同时，合理安排劳动力，采用先进技术。五是节约各种材料、燃料和动力。六是提高设备利用率。抓好设备管理，充分利用机械设备，及时维修保养和技术改造，贯彻岗位责任制，实行专人专机，专管专用，健全设备管理制度，降低产品中的折旧费和维修费。七是节约管理费用。管理费属于非生产性支出，开支越少，成本负担越低。因此，要减少非生产人员，以减少不必要的开支，减少资金占用，加速资金周转，增加利润。

六、市场预测和销售

（一）国际市场的供需现状

2004—2005 年，在疯牛病、口蹄疫及禽流感等疫情的干扰下，尽管大多数国家都采取了进口限制，但牛肉消费需求依然继续走强，产量和贸易量仍在增加；2006—2007 年市场不断恢复，尤其是亚洲市场对牛肉需求的不断增强，牛肉价格稳中有升。澳大利亚和新西兰等畜牧大国开始占领大部分市场，尤其是发达国家的牛肉进口市场；2009 年，受经济危机影响，全球牛肉产量将首次下跌，下跌幅度不足 1%，巴西、中国和印度的牛产量增加，平衡了欧盟 27 国、阿根廷、澳大利亚和俄罗斯减少的产量。全球牛肉产量依旧保持在 5 900 万吨，持稳定状态。

（二）国内市场的供需现状

我国肉牛行业起步较晚，20 世纪 90 年代初期，在基本解决温饱问题以后，才有了肉牛产业的概念和肉牛品种定向选育改良等一系列举措。经过近 10 年不懈努力，肉牛业作为一个新兴产业得以快速发展。当前，牛肉占肉类的比重已经超过 10%，每年以平均 2.8% 左右的速度递增，肉牛产业在许多地方已成为新兴的支柱产业。据报道，2007 年底我国牛存栏量约 1.46 亿头，其中，肉牛存栏量 1.06 亿头，出栏 4 359.5 万头，牛肉总产量达到 791 万吨，成为仅次于美国和巴西的第三大牛肉生产国，牛肉在全国肉类总产中的比例提高到了 9.3%；2008 年我国黄牛存栏 9 000 多万头，牛存栏数仍居世界第三位，冰雪、地震自然灾害导致牛肉产量为 750 万吨，较 2007 下降 5%；2009 年全年产业发展平稳，肉牛存栏 11 545.9 万头，牛肉产量为 915 万吨；消费需求保持平稳增长。2000 年人均消费牛肉 2.5 千克，2006 年为 3.08 千克，2009 年人均消费量增至 6.19 千克，而发达国家消费量已达到 40 千克，消费需求增长空间巨大。

随着国际和国内市场对牛肉需求的不断增加和人们对牛肉食品的认同，我国肉牛加工业的发展已引起国家、企业及科研人员的高度重视，并处在健康、持续、快速发展的新阶段，主要呈现以下特点。

1. 优势

（1）肉牛生产已由西北牧区向农业经济优势区域转移，现已形成西北（包括甘肃、陕西、宁夏、青海、新疆、内蒙古）、中原（包括河南、山东、山西、河北、安徽）、东北（包括吉林、辽宁、黑龙江）、西南（包括云南、贵州、四川、重庆、西藏）4 个肉牛产业带，且产销两旺，呈现出蓬勃生机。

（2）屠宰加工企业不断增加，规模有所壮大，集约化程度有

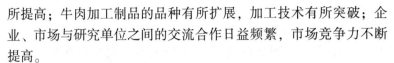

所提高；牛肉加工制品的品种有所扩展，加工技术有所突破；企业、市场与研究单位之间的交流合作日益频繁，市场竞争力不断提高。

（3）肉类消费发生了明显的结构变化，呈现了从冷冻肉到热鲜肉，再从热鲜肉到冷鲜肉的发展趋势，形成了"热鲜肉广天下，冷冻肉争天下，冷鲜肉甲天下"的格局。因此，肉牛加工也正朝着冻变鲜、大变小、生变熟、粗变精、散装变规格化的健康方向发展。

2. 劣势

（1）肉牛选育改良缺乏科学规划和统一部署，肉牛良种覆盖率低，个体贡献率不高。

（2）牛源日趋紧张，基础母牛群缺乏保护措施，"杀青弑母"现象较为严重，据业内人士保守估计，近年来全国基础母牛每年的下滑幅度在15%~20%，有些地方接近60%。

（3）牛肉品质低，分级标准、追溯体系、安全卫生等方面存在不足；优质牛肉短缺，优质优价的市场基础尚未形成；牛肉的质量越来越受到消费者的关注，并成为制约我国城乡居民（尤其是城镇居民）消费和出口的主要问题。

（4）牛肉供应总量不足，人均占有量不及世界平均水平的一半，且中低档牛肉产品居多，高档牛肉所占比重不足5%，仍然需要从国外大量进口。

（5）肉牛企业普遍起点不高，产业与金融资本缺乏结合点，市场拉动作用还没有上升为产业发展的主导力量。

因此，我们必须正视肉牛产业存在的隐忧，高度重视肉牛业的每个发展环节，采取强有力的措施，推进我国肉牛产业快速发展。

（三）产品市场的供需预测分析

随着扩大内需和人民生活水平的提高，人们的膳食结构发生了明显变化，猪肉比重下降，而牛羊禽肉所占比例逐年上升。

2000 年我国城镇居民家庭人均消费牛肉 1.98 千克，到 2006 年家庭人均消费牛肉达到 2.41 千克；农村居民 2000 年家庭人均消费牛肉 0.52 千克，到 2006 年家庭人均消费牛肉达到 0.67 千克。2009 年，牛肉消费量平均达到 6.19 千克，比 2008 年增长 23.8%。然而，我国牛肉人均消费量不到世界平均水平的 1/2，加之我国有 9 亿农村人口，因此，优质牛肉有着巨大的市场空间和良好的市场前景。目前，发达国家的超级市场基本上都是低温肉和冷鲜肉，其具有鲜嫩、脆软、可口、风味极佳的特点，在加工中，肉蛋白质适度变性，基本保持原有弹性，肉质结实有咀嚼感，最大限度地保持了原有营养和固有的风味，在品质、营养上明显优于高温肉制品。我国少数大型肉类加工企业，如双汇、金锣等，已经开设肉类连锁店，大批量生产销售，深受消费者的欢迎，有"放心肉"之称，市场反映强烈，发展势头迅猛。因此，低温牛肉、冷鲜牛肉必将成为 21 世纪中国牛肉消费的主流和必然的发展趋势。同时，高新技术和先进营销方式的应用，将为肉牛产业的发展提供更加有力的支撑。各种高新技术应用的重点主要集中在牛肉的安全、卫生、方便、降低成本和保护环境等方面。牛肉流通基本实现"冷链"化，采用配送、连锁超市、肉类专卖店等现代化方式经营，对于肉牛加工市场开辟起到巨大推动作用。

随着城乡居民收入的增加和消费观念的转变。百姓的饮食需求会更加多元化，或者随着养牛成本的下降，牛肉不再成为普通消费者可望而不可即的肉食产品，那么，今后国内的牛肉市场必定会有更大的需求空间。国内市场的扩大，将给肉牛养殖产业的发展带来强大的推动力。

主要参考文献

［1］刘太宇. 畜禽生产技术实训教程［M］. 北京：中国农业大学出版社，2009.

［2］张卫宪. 当代养牛与牛病防治技术大全［M］. 北京：中国农业科学技术出版社，2006.

［3］艾地云. 实用牛病诊疗新技术［M］. 北京：中国农业出版社，2006.

［4］赵昌廷. 巧配牛羊饲料［M］. 北京：中国农业出版社，2006.

［5］刘太宇. 牛羊生产［M］. 郑州：河南科学技术出版社，2008.

［6］朱永毅. 牛羊生产［M］. 武汉：华中科技大学出版社，2013.

［7］桑国俊. 世界肉牛产业发展概况［J］. 畜牧兽医杂志，2012（3）：36－39.

［8］熊光源. 贵州杂交肉牛育肥营养需要的研究［D］. 贵州大学，2010

［9］董伟. 家畜繁殖学［M］. 北京：中国农业出版社，1985.

［10］王建华. 家畜内科学（第3版）［M］. 北京：中国农业出版社，2002.